香港自然故事

HONG KONG NATURE STORIES

鳳凰衛視 《香港自然故事》 項目組 編著

商務印書館

目錄

與世界對話　與自然共生

序
#1

在地球大約 46 億年的漫長歷史中，只有百萬年的人類活動卻深刻影響着地球的自然生態。近年來，全球各地極端天氣頻發，2023 年成為有記錄以來最熱的年份。2024 年，我們迎來第 55 個世界地球日，這本書此時面世，無疑承載更多意義。

《香港自然故事》是鳳凰衛視集團 2023 年度重點原創文化公益 IP 項目，由鳳凰衛視集團與世界自然基金會香港分會共同發起，並與華潤集團聯合出品。項目以人文地理視角、國際化表達，基於岩石、山林、海洋、水岸、田野、濕地六大場景，向世界展示香港自然之美、分享可持續發展經驗。

「帶你去看，從未見過的香港；陪你讀懂，人與自然的真諦。」經過一年四季大體量的拍攝製作，12 集系列紀錄片的中文普通話版和粵語版已在鳳凰衛視全媒體平台推出，這是香港首部全景式介紹自然生境資源與保育現狀的紀錄片作品。相應製作的自然教育新媒體課件《家門口的自然課》也將免費贈予香港上千所中小學。衷心感謝香港特別行政區政府和行政長官李家超先生的大力支持！同時，也要特別感謝華潤集團，我們懷着共同的願望：一起為香港做些有價值的事，讓香港更美、更好！

　　《香港自然故事》推出後得到多家國際機構肯定，鳳凰衛視亦受邀在聯合國紐約總部、聯合國教科文組織巴黎總部、聯合國氣候變化大會、時尚高峯（香港）、香港國際影視展等場合舉辦專場活動。2024 年，紀錄片的英文版即將完成，後續還會推出紀錄電影及系列活動，產生積極長久的國際影響。感謝世界自然基金會香港分會，近年來，鳳凰衛視與世界自然基金會在環保領域已達成多項國際合作。

　　過去一年多，鳳凰衛視集團多達 200 人參與了項目的執行，運行規模前所未有，我為所有鳳凰同事感到自豪。作為項目的一部分，這本書提取了紀錄片內容亮點，配以豐富的圖文資料，還專門邀請權威專家顧問延伸解讀知識要點，成為一本兼具知識性、趣味性和美感的科普性讀物。我也對協助本書出版的商務印書館表示誠摯的感謝！

　　作為立足香港、面向全球的國際媒體集團，鳳凰衛視期待與您一起，與世界友好對話，與自然和諧共生。是為序。

徐威

鳳凰衛視董事局主席兼行政總裁

2024 年 4 月

序
#2

2023 年 9 月，在香港舉辦的「華潤創立 85 週年暨華潤集團成立 40 週年紀念酒會」上，我們邀請了香港著名的民謠歌手區瑞強先生演唱《水霞》，當中有一段歌詞「遊盡碧空一片天，散在雲中寄山畔，乘着清風一身飄逸，飛過冷冬、飛過炎夏」，令我記憶深刻，歌詞正好描繪了屬於香港特色的大自然景觀。

每次回到香港，工作之餘，我很喜歡在晚上沿灣仔海濱長廊散步。向南，感受國際金融中心的車水馬龍和持續向前奮進的脈搏；向北，迎着維港溫潤的海風，觀賞鑲在月夜星空裏的獅子山的剪影和愈發豐富的天際線，這便是這顆東方之珠的獨特魅力。

從 1938 年建基於香港開始，華潤和這座充滿傳奇色彩的城市同風雨共成長，一起走過了 80 多年的時光。2023 年，我們很榮幸作為聯合出品單位，攜手鳳凰衛視集團、世界自然基金會香港分會，一同向全港呈現《香港自然故事》這部全景式人文自然地理紀實片，作品美好而意義深厚。從這部作品既能看到香港的海洋、山脈、動物等豐富的自然生態，也能從人文歷史的角度感受香港這座繁華的國際大都市是如何與自然交融共生。

與此同時，為了進一步促進香港的自然保育，讓下一代依然可以享有這份寶貴的自然遺產，華潤慈善基金出資向全港 1000 所中小學捐贈《香港自然故事》的影音教材，希望小朋友們都能喜歡這套讀本，熱愛自然、關心香港和全球生態保育工作。

「堅持良好生態環境是最普惠的民生福祉」，華潤集團長期關心人與自然之間的相互影響以及和諧共生，也必將持續致力於不斷持續探索社會、經濟、生態協調發展和可持續性發展的有效途徑，為我們人類自己、為自然、為我們熱愛的腳下每一寸土地作出更多的貢獻，成為優秀的企業公民。

王祥明
華潤集團董事長
2024 年 4 月

序 #3

香港是一個很特別的城市,這裏既是高樓林立的國際金融中心,亦是成千上萬候鳥的遷徙地;這裏既是雲集頂尖企業的都會,也同樣擁有豐富的生物多樣性以及多種多樣的海陸生境。

香港的海洋有近 6000 種海洋生物,我們擁有的石珊瑚品種,數量比加勒比海還多。香港的米埔自然保護區,是世界級的濕地保護區,孕育超過 2000 種野生動物。2023 年,米埔自然保護區成立 40 週年,我們與鳳凰衛視集團共同發起,鳳凰衛視集團與華潤集團聯合出品的《香港自然故事》紀錄片已順利推出,旨在讓更多人了解濕地及海洋的重要性,熱愛自然、享受自然。喜見延伸自紀錄片的《香港自然故事》圖書面世,期望這套兼具知識、趣味及美感的讀物,能讓廣大讀者細味香港自然之美。

氣候危機和生物多樣性銳減是我們全人類正在面臨的兩大危機。2022 年底,生物多樣性大會 (COP 15) 通過的「昆明—蒙特利爾全球生物多樣性框架」讓我們看見一線曙光,提示我們只要立即行動,共同合作,就有機會過止並扭轉生物多樣性的消失。這一大趨勢亦凸顯生態保育的重要性,完整的生態環境可以為我們提供「以自然為本的解決方案」,助我們應對氣候危機,對於建立人與自然和諧共存的未來至關重要。

《香港自然故事》以保育為題,透過自然的視角,為觀眾詮釋一個不為人所知的香港。我們也希望本書能與紀錄片相輔相承,讓更多人了解香港的自然面貌,與我們一起關注、支持及實踐生態保育。

黃碧茵
世界自然基金會香港分會行政總裁

岩石篇

ROCKS

#1
從岩石中誕生的城市

這是一個關於香港「前世今生」的故事。

故事從香港的地標維多利亞港開始,「水深港闊」是對維多利亞港的精準定義,也讓香港躋身國際航運樞紐之列。

在維多利亞港的海牀四周,幾乎都是堅固的岩石。水下峽谷造就出港口泊位水深,岩石型海底沒有過多淤泥堆積,所以航道沒有變淺的危險。由海底岩石而進入視野的地質時代,正是了解香港前世今生的真正起點。

香港的地質研究學者們指出,岩石是時間留下的最好證據。他們的研究也表明,在長達四億年的漫長地質時代裏,香港地區經歷過至少四次大型火山爆發,發生過大規模的山體斷裂,歷經沖刷、沉積,才有了今天的地形、地貌。

2022 年 10 月 22 日,位於西貢香港地質公園的糧船灣組早白堊世流紋質岩柱羣,公佈入選為國際地質科學聯合會首批百大地質遺產地。這些六角形火山岩柱數量多、體積大、保存完好,而且分佈範圍廣,是全球罕見且最具代表性的地質奇觀。

火山爆發不僅為香港打造了一個世界級地質奇跡,還打造出了另一張香港的名片,一座最具非凡意義的花崗岩山峯 —— 獅子山。港人把這座山峯視為勤奮、努力、自強不息、同舟共濟的象徵,成為香港精神的自然載體。

大自然留給香港的岩石傳說,其實何止六角形岩柱和獅子山,各種天造地設的特色岩石早就被本地人熟知,成為探索、攀登或攝影的好去處,「鬼斧神工」是香港人對這些岩石的形容。

香港海岸線上遍佈的岩石羣,看似一無所有,卻總能得到一些旅客的垂青。灰尾漂鷸是香港春季及秋季的過境遷徙鳥,每逢春季遷徙的時間,牠們會從南方飛往北方的繁殖地,途徑香港的時候會在香港海邊沿岸的岩石上尋找食物,補充體能,為下一段的旅途做足準備。等到北半球的秋季來臨,牠們又從寒冷的北方南下,途徑香港憩息之後,再飛向南半球遙遠的越冬地。

　　這座構建在岩石上的都市，除了為南來北往的旅客提供棲身之所，還隱藏着許多未知的小世界。香港島東南角的鶴咀，彷彿是一個被時光遺忘的角落，不起眼的濱螺就生活在這裏。牠們是一種沿岸常見的軟體動物，牠們的卵會附着在岩石上生長，以岩石為家。每一年的夏季，牠們也會擁擠堆疊在一起，抵禦岩石表面高達 60 度的溫度，創造出生命的奇跡。

　　岩石海岸上這個濱螺小世界，對忙碌的香港人來說如同隱秘的桃花源，但其實和這些小小的濱螺一樣，香港人也在巨大的岩石上建造出自己的家園，追逐着自己的幸福。

　　1906 年就開始運作的馬鞍山鐵礦，二十世紀五十年代開始從露天進入地下坑道開採，直到 1976 年在全球礦業市場的衝擊下停產，足足運作了 70 年，是香港歷史上唯一一座進行大規模機械開發的鐵礦場。

　　隨着經濟發展和建築技術的進步，半路停產的礦場或採石場在今天成為歷史遺跡，供人參觀和研究。一些礦場的舊建築也被活化成度假營，利用舊址活化的陳列室裏安靜展示着歷史的記憶。

　　香港地下堅硬的岩石層，給防洪工程的設計施工帶來了極大的挑戰。尤其在寸土寸金的港島，香港政府渠務署為此做了精細的規劃，在洪水的上游、中游、下游分別採取不同的措施應對暴雨來襲。

　　香港是一個地上地下，都會與岩石相遇的城市。這個風平浪靜的天然良港，穿過億萬年光陰，直到大航海時代，才與這個世界相遇。從邊陲小漁村，到國際航運中心，從昔日殖民者的戰利品，到重回家園，重新出發，位於亞洲黃金航線交匯點上的香港，一直都與「水深港闊」四個字緊密相連。

　　滄海桑田之後，一座岩石上的城市拔地而起。人們匆匆穿行在高樓大廈之間，行走在億萬年的岩石之上，硬朗與堅毅是這座城市的基因，也是香港歷經百年滄桑依然屹立的精神圖騰。

#2 維多利亞港的秘密

夕陽下的維多利亞港,左側為香港島,右側是尖沙咀。

　　這裏是全球遊客和攝影愛好者的打卡之地,在她標誌性的景致裏,除了高樓大廈組成的城市天際線,還包括日夜穿梭的各類船隻,一年四季,繁忙進出這個港口。

　　貨輪穿梭於維多利亞港,因為維港海底沒有淤泥堆積,可以同時容納 50 艘萬噸級大型遠洋輪船。標準意義上的深水良港,航道深度和碼頭水深都要大於 15 米,在全球不到 30 個。而香港維多利亞港最深達到 43 米,加上全年不結冰、風浪小,很適合大小船隻的停泊和出入,得天獨厚的條件,在全球深水港中名列前茅。

　　維多利亞港多為岩石型海底，泥沙少，航道沒有變淺的危險，是全世界難得的「天然良港」。堅固的岩石是維多利亞港最大的秘密，也是香港能讓高樓拔地而起的穩固根基。

維多利亞港的生物多樣性

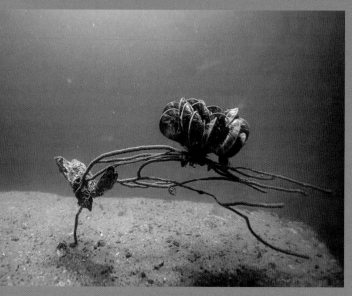

海百合和柳珊瑚

香港城市大學海洋污染國家重點實驗室最新研究表明，通過研究維港的海底生態系統，在維港發現了高達 35 種固着性表棲生物物種，其中包括 4 種黑珊瑚物種、16 種石珊瑚物種、15 種八放珊瑚物種，揭示了維港地區豐富的生物多樣性，凸顯了海港地區底棲生境的恢復潛力以及海洋生態系統修復的可能性。

似網柳珊瑚、管星珊瑚、柳珊瑚

紅珊瑚

管星珊瑚

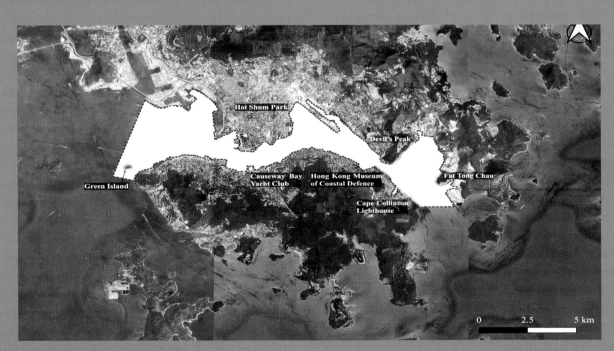

維多利亞港及其附近水域的水下生境研究區域圖

一億八千萬年前，歐亞大陸和北美洲還是一個相連的巨大陸地，整個中國華南東部及香港都屬於火山帶，香港這個地理名稱的出現，還是一個遙遠的未來，但香港地質史上第一次的火山爆發已經開始。山峯開裂，大地上流淌着岩漿，凝固、轉化，化為岩石山丘和峭壁，散佈於海灘。

#3 香港經歷的火山爆發

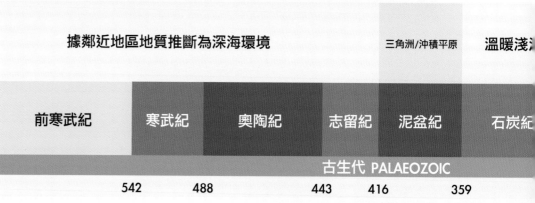

據鄰近地區地質推斷為深海環境				三角洲/沖積平原	溫暖淺淨
前寒武紀	寒武紀	奧陶紀	志留紀	泥盆紀	石炭紀
				古生代 PALAEOZOIC	
542	488	443	416	359	

一億六千萬年前，火山再次爆發。這個時候，始祖鳥開始在地球上出現，今天香港最高的山峯大帽山，就是在這個時候形成。大帽山是香港平均氣溫最低的地方之一，也是香港少數被歸類為溫帶季風氣候的地方之一，海拔 957 米的高度，為香港的今天創造出一個垂直的生物多樣性地帶。

香港地質史上第三次到第四次大規模的火山爆發發生在一億四千萬年前，兩次火山爆發時間跨度近200萬年。這場曠日持久的爆發由香港西南的海邊往東北部山丘，打造出香港大嶼山、馬灣、青衣、沙田，直到荔枝莊一帶的地勢，產生了一條清晰的岩石羣落，也給維多利亞港的誕生創造了地質條件。一個以堅固的花崗岩和火山岩為根基的香港就此誕生。

走深海	板塊重組	淺海至沖積平原	火山活動	斷層盆地發展	亞熱帶風化		週期性氣候變化	香港的地質構造活動及環境
疊紀	三疊紀	侏羅紀		白堊紀	早第三紀	晚第三紀	第四紀	紀 PERIOD
					第三紀			
		中生代 MESOZOIC			新生代 CENOZOIC			代 ERA
251	199	145			65	23	2.6	距今年代（百萬年）

在長達四億年的香港地質史中，至少經歷過四次大規模火山爆發和大規模的山體斷裂，才形成了香港今天的地形地貌。

歷經四次火山爆發之後，形成了香港的島嶼、山川、河流、港口，塑造出香港最古老的山脈，最年輕的岩石，最高的山峯，以及世界級的深水良港。

香港最高峯 ── 大帽山（一億六千萬年前）

香港屯門青山（一億四千萬年前）

糧船灣超級火山口（一億四千萬年前）

香港精神的象徵 —— 獅子山（一億四千萬年前）

位於香港地質公園的早白堊世流紋質岩柱羣，及糧船灣組六角形火山岩柱，入選為國際地質科學聯合會百大地質遺產地，這些六角岩柱羣落覆蓋在陸地和海洋中，面積大約 100 平方公里。

#4

神奇的六角岩柱

萬宜水庫東壩

岩柱直徑平均為 1.2 米，最大的 3 米，最高的岩柱露出海面高度超過 100 米，數量多達 20 多萬根，分佈在西貢東郊野公園糧船灣一帶、滘西洲、吊鐘洲、甕缸羣島及果洲羣島等約 100 平方公里範圍內。

每一根都好像經歷過精準的切割，也成為了世界上最具地質科學價值的 100 個地點之一。

你知道嗎?

大自然中的六邊形

神奇的六邊形會出現在雪花飄舞的時候,出現在人類設計師們讚歎
的蜂巢上,水晶和一些寶石也是六角形組合,這些都是自然界中物質內部
的作用力達到最穩定的結果。

#5 香港岩石之最

香港最古老的岩石，在東北角的黃竹角咀，沿岸露出的白色礫岩和砂岩等沉積岩，由當時在河口三角洲積聚的沉積物組成，有着三億六千萬年到四億年（泥盆紀）的年齡。

香港最年輕的岩石在東北方向的東平洲，走過了5500萬年（第三紀）的生命歷程，主要由沉積在鹽湖中的沉積物形成。在這些黃色粉砂岩石當中，也發現過一些植物和昆蟲的化石。

在黃竹角咀，海風侵蝕後的岩石，猶如魔鬼的手掌，被稱為「鬼手岩」（四億年前泥盆紀）。

鬼手岩旁邊的山體被擠壓出五花肉般的肌理，也被起了接地氣的綽號，叫「煙肉石」或「五花腩石」（四億年前泥盆紀）。

你知道嗎？

岩石年齡的重要性

岩石的年代測定通常就是我們所說的岩石的「年齡」，它在地質學中至關重要，因為它在揭示地球歷史和理解塑造地球的過程中發揮着至關重要的作用。 以下是岩石測年在地質學中至關重要的幾個關鍵原因：

1. 地球歷史年表：岩石測年為地球歷史提供了一個時間框架，使地質學家能夠構建過去事件的時間軸。這種年代記錄對於理解地質過程的順序和持續時間至關重要，這些地質過程包括大陸的形成、生命的進化和主要的氣候變化。

2. 生命的進化：通過測定岩石和化石的年代，地質學家可以重建地球上生命的進化過程。化石以及發現化石沉積物的年代或岩石的年齡有助於科學家追蹤各種物種的出現和滅絕。這些信息對於了解生物多樣性的發展以及環境變化對生物體的影響至關重要。

3. 板塊構造和造山運動：岩石年代測定使地質學家能夠研究地球岩石圈板塊隨時間的運動。通過測定斷層或山脈兩側岩石的年齡，研究人員可以推斷出板塊俯沖、造山運動和海洋盆地打開等構造過程的時間和速度。

4. 氣候變化：對沉積岩及其年代的研究對於了解過去的氣候變化至關重要。氣候指標，例如岩石中的同位素成分或某些礦物質的存在，可以提供對於古代氣候的了解。這些信息有助於預測未來的氣候趨勢並了解人類活動對環境的影響。

5. 資源探索：岩石測年對於資源勘探至關重要，特別是在確定經濟上可行的礦藏資源。了解岩石的年齡有助於地質學家評估一個地區的地質

歷史，為定位和開採礦產資源提供有價值的信息。

6. 自然災害評定：岩石年代測定對於評估自然災害的復發間隔至關重要，例如地震、火山噴發，以及山體滑坡等。通過確定過去事件的年代，地質學家可以評估未來發生此類事件的可能性，並有助於減輕災害和做好準備。

7. 地下水研究：測定岩石年代並了解其滲透特性對於地下水研究至關重要。這些信息有助於管理水資源並解決與污染和可持續利用含水層相關的問題。

總之，岩石測年是地質研究的基石，它提供了一個時間框架，使科學家能夠拼湊出地球歷史上錯綜復雜謎團。從岩石年代測定中收集的信息有助於我們了解地質過程、環境變化以及數百萬年來塑造地球各種因素之間的動態相互作用。

資料來源：地質科學網站

#6
岩石上的食客——灰尾漂鷸

　　香港的海岸線上岩石遍佈，看似一無所有的石灘，卻總能得到一些旅客的垂青。

　　這個小傢伙是灰尾漂鷸，牠在香港是春季及秋季過境遷徙鳥。每逢春季遷徙的時間，牠們會從南方飛往北方的繁殖地，途徑香港的時候會在這些石灘上尋找食物，補充體能，為下一段的旅途做足準備。

　　在香港短暫的歇息後，牠們又要上路了。飛越太平洋，穿越中國，抵達西伯利亞，那裏是牠們的繁殖地。等到下一個秋天，牠們再次南下來到香港，補給之後飛往澳洲，奔向記憶中的溫暖港灣。

　　要支撐這小小的身體越過大海，灰尾漂鷸選擇中途補給的自助餐廳，就是這片岩石灘。

以岩石為家的牠們

香港近岸的不同岩石區,生活着不同的物種,形成一個有趣的生態系統。

高岸岩石帶被海水覆蓋的時間較短,適合那些可以承受高溫和乾燥的物種居住。

藤壺

嫁蠘

藻類生物膜上的濱螺

中岸岩石區的生物通常較多，有藻類所形成的生物膜、
牡蠣和藤壺、還有移動的生物石鱉、嫁蝛、海螺們和螃蟹們。

單齒螺

長臂蝦

低岸岩石區的物種會面對擁擠的環境和被其他動物捕食的風險。

這些以岩石為家的動物們，在潮起潮落間，在這個岩石海岸上，這些水池、岩
石裂縫和間隙中，享受着自己的生命旅程。

#7 岩石上的生存之道──濱螺納涼記

香港的夏天，海邊岩石表面熾熱高溫，很多生物無法在燙腳的地方立足，但濱螺卻在此自得其樂，盡情吃喝，相親相愛，兒孫滿堂。

經過數千年的演化，牠們總結出一種適應炎熱高溫生存環境的有效方法，這是生命在堪稱殘酷的環境下為了生存而努力適應的絕佳案例。

濱螺將腳縮回殼中，然後將殼抬起，這樣體內溫度就會降低。

然而牠們之中更聰明的，是爬到一隻已經直立的濱螺的頂部，這樣越往頂部的濱螺就會比底部的更涼快。依靠這個非常簡單的行為，牠們的體內可以降低幾攝氏度，對於濱螺來說，這可能就是生死存亡的區別。

#8 馬鞍山鐵礦場

俯瞰馬鞍山鐵礦場礦洞舊址

馬鞍山鐵礦場礦洞舊址附近的石塊，富含鐵礦

　　馬鞍山鐵礦場位於馬鞍山的西南麓，馬鞍山的地質脈絡位於「花崗岩與火山岩或花崗岩之間的接觸帶」之中，附帶沉積岩。

　　在侏羅紀晚期，熱花崗質深成岩自東南部入侵該區，並引發了原始岩石的熱變質作用，熱變質作用指花崗岩釋放富含矽的流體改變岩石組成，繼而形成矽卡岩的過程。磁鐵礦由是在矽卡岩之中形成。

海拔 240 米的礦洞入口，該礦洞是為了進行地下採礦而挖掘的第一批隧道之一

馬鞍山鐵礦 1906 年就開始運作，二十世紀五十年代開始從露天進入地下坑道採，直到 1976 年在全球礦業市場的衝擊下停產，它足足運作了 70 年，是香港歷史上唯一一座進行大規模機械開發的鐵礦場。

即使礦洞內的機械器材在礦場關閉後已全部移走，礦洞入口的外牆架構仍保持完整，標誌着昔日採礦工業的輝煌。該遺跡也證明當時採礦技術有了顯著進步，因此對馬鞍山的採礦歷史來說至為重要。

這裏的礦坑長度超過千米，深度 200 多米，出產的礦石因含鐵量高於 40%，而被視為最上等的鐵礦石，全盛時有上萬人居住在這裏。礦場範圍內有坑道、礦洞和教堂，停止採礦後這裏還成為不少香港武俠電影拍攝的地方。

今天礦場的舊建築被活化成度假營，利用舊址活化的陳列室裏安靜展示着歷史的記憶。

觀塘區彩福邨對面山上，於 2010 年落成的彩榮路公園，由石礦場改建而來

彩榮路公園內的岩石樣本展示區

　　當香港的礦石資源慢慢枯竭，香港人也開始大量地進口石材裝飾。半路停產的礦場或採石場成為今天的歷史遺跡，供人參觀和研究。隨着香港最後一個以許可證形式經營的石礦場——平山石礦場在 1974 年被閒置，如今它因地制宜地被改建成岩石公園，讓這些香港地下的礦藏可以陪伴着香港的居民們休憩和娛樂，也記住它們曾經形色各異的模樣。

香港的礦產與礦業

香港的天然礦石資源基本可以分為三類:陸上的金屬礦物及非金屬工業礦物、石礦及建築石材,以及離岸的沙源。

香港雖然面積細小,但礦產的種類相對頗多,一些礦產更曾經供商業開採。多類礦產大部分由中生代的岩漿活動造成,而與斷層相關的熱溶液活動則在不同程度上提高礦物的密集度。具有典型意義的主要有以下幾處:

蓮麻坑鉛礦在十九世紀六十年代在蓮麻坑地區被發現,並在同一世紀由葡萄牙人經營開採。到了二十世紀五十年代,隨着勞資糾紛、罷工、颱風損失以及鉛的價格下跌,導致礦場於 1958 年 6 月 30 日關閉。

針山鎢錳鐵礦在 1935 年被發現,礦井於 1938 年開始發展,並在整個日本佔領時期繼續。採礦活動在 1949 年至 1951 年朝鮮戰爭時期擴展,當時鎢的價格急劇上升。1967 年,鎢的價格下降和勞動力成本增加,促使礦場停業。

馬鞍山鐵礦在 1906 年至 1976 年間共經營了 70 年。在 1963 年,礦場已建有 5458 米長的主隧道和豎井,以及 3000 米的分層礦坑。在二十世紀七十年代中期,全球的鋼鐵需求下降,而且在澳洲開發了大型鐵礦場,加上供應日本的合同終止,導致礦場在 1976 年 3 月停業。

大磨刀洲石墨礦的地下開採始於 1952 年。當時是以人手方式採礦,利用鋤頭及鑿子等工具開採,又用點燃蠟燭作地下照明。到 1971 年,礦坑逐漸深入地底,抽水和通風的成本被認為不符合經濟原則,礦場因而停業。

目前香港已無發出商業性開採礦業或勘探礦產的經營牌照。

香港的採石業也是一門重要行業,提供建築石材及混凝土的石料。

早在 1966 年前，香港有不少持有「許可證」的小型石礦場，主要從事生產建築石材，而最後一家持「許可證」的石礦場於 1974 年關閉，以便讓予較大型的特許石礦場。

在 1978 年之前，本港所有經處理的石料皆來自香港的石礦場，其後石料開始進口。

根據 1989 年訂定的計劃，香港目前餘下三個營業中的石礦場 —— 石澳、安達臣道及藍地石礦場，需要進行復修綠化工程，以配合未來發展。包括重整山坡的輪廓，以減少尖峭的山勢，令山坡變得渾圓；種植樹木及樹叢，以及控制侵蝕。復修工程除了包括改善在石礦場的地景外，亦同時生產可供銷售的石料。安達臣道石礦場於 2013 年共生產 5000 萬噸岩石、石澳石礦場共生產 2300 萬噸，而藍地石礦場共生產 650 萬噸。石礦場無論大小都是香港地景的特徵，並可於許多地區觀看得到，顯示出人類對「侵蝕作用」作出的貢獻。

隨着市區的迅速發展，香港對沙粒和填海物料的需求也不斷增加。早於二十世紀二十及三十年代期間，幼細的沙粒多從香港的海灘抽取。面對過度開採，政府於 1935 年制定「沙粒條例」以規管自然沙粒的搬運，在二十世紀五十年代，香港首次利用海沙進行工程項目。

土力工程處於 1988 年開始進行初步沙源調查，在中部及西部水域勘探到約一億立方米的沙粒及礫石沉積物，以供填海及工程之用。初步勘察獲得成功後，調查範圍延伸至東面水域，稱為「海牀物料」研究。這些勘察根據對香港的離岸表土沉積層及古地理的了解，從而按地質環境推斷沙粒的沉積地點。這項研究一方面勘探沙粒資源，另一方面對離岸的地質情況有更精準的認識。「海牀物料」研究已勘探得到 14 個沙粒沉積體，發現合共有五億八千八百萬立方米的沙粒資源。

資料來源：香港地質調查組

太古站 —— 人工石洞車站大堂

　　花崗岩在香港又稱為麻石，遍佈港九新界各地。花崗岩質地堅硬緻密、強度高、抗風化、耐腐蝕、耐磨損、吸水性低，色澤能保存百年以上，是建築的好材料。香港開埠早期的建築，據說就是從各離島搬到港島作建屋的材料。大家熟悉的港鐵太古站，地處「康山」(Kornhill)，昔日曾是一座山丘，後來被夷平興建上蓋物業，由於位處於堅固的花崗岩地底，故修建時須以興建人工石洞的方式興建車站，石洞以簡單的混凝土樑柱結構方式建造，亦以拱形結構支撐，因此車站大堂廣闊無柱，也成為了當時亞洲最大的人工石洞車站大堂。

太古站車站大堂

　　香港是一個地上地下，都會與岩石相遇的城市。香港地下堅硬的岩石層，給防洪工程的設計施工帶來極大的挑戰。尤其在寸土寸金的香港，香港政府渠務署為此做了精細的規劃。

　　在洪水上游通過在岩石山體中建造雨水排放隧道，截取上游的雨水直接排放到大海。

#9

跑馬地下的秘密

　　喧囂熱鬧的跑馬地，是香港人觀看賽馬的去處，也是繁華市區裏的洪水中游最有可能的水浸所在地，可能連很多本地人都不知道，就在賽馬奔騰的綠茵場地下方，隱藏着一個巨大的地下蓄洪池，它的存在就是為了應對暴雨的來襲，這個地下蓄洪池便提供了 6 萬立方米，相當於 24 個標準游泳池總容量的蓄水空間。

蓄洪池

原有排水渠道

面積達
2.4 公頃

容量達
6 萬 立方米

　　下游河道利用疏浚概念，把河流拉直、擴闊，大大減低水浸風險。

在 2023 年 9 月的持續暴雨中，出現了自 1884 年有降雨記錄以來最大的降雨。市區出現水浸，也出現山洪、泥石流災害，但在短時間內大多數水浸情況已明顯改善，香港政府完成的防洪工程，包括建造雨水排放隧道、地下蓄洪池以及河道疏浚工程，在這次百年難遇的暴雨中，起到了重要作用。

這是個以岩石為根基生長起來的城市，一個充分與地質遺產共榮共生的城市。人們匆匆穿行在高樓大廈之間，行走在億萬年的岩石之上，硬朗與堅毅是這座城市的基因。滄海桑田之後，一座岩石上的城市拔地而起，在這充滿生機的山與海，田野、濕地、水岸和都市，還有更多未知的秘密，等待着被發現。

招侃潛

閱讀岩石故事，理解香港自然之美

　　良好的地質條件，是萬物賴以為生的前設。假若大自然動植物的滋長是一場瑰麗的演出，地質活動和岩石構造就是這場表演的舞台。泥土、氣候、水源、日照無不與地質有關，大家在關注大自然和環境議題的時候、又或在欣賞自然生態的完美平衡的時候，不妨多花時間閱讀岩石在慢慢細說的故事。

　　香港的地質條件獨特而複雜，她堅硬而穩固的火成岩為我們帶來一個天然的深水良港，為這座國際城市奠定基礎。人們在這「地無三尺平」的小島，用智慧和技術打造一個又一個工程奇蹟。支撐着這個全世界高樓大廈最多的城市的樁柱，就是一根一根的固定在這穩固的岩層之上。

　　要認識岩石不難。下次去香港的郊野公園之時，大家可以去走訪一下香港的地質公園。在香港的郊野，可以隨處見到火成岩、沉積岩和變質岩，鼓勵大家多多利用大自然這個教室，深刻了解大自然之美。

—— 招侃潛博士，香港地質學會會長

MOUNTAINS

山林篇

#1

近在咫尺的生命樂園

　　香港生活着 750 萬人，其中 500 多萬人居住在距離郊野公園三公里範圍之內。每年有 1200 多萬人次在香港的山林中暢遊。129 條行山徑遍佈全港郊野公園，每一條都帶來不一樣的體驗。從都市轉身，須臾走入山中，去邂逅山林中的豐富物種，這是大自然給予香港的專屬幸福。

　　香港陸地面積為 1114 平方公里，林木面積大約佔陸地面積的四分之一，絕大部分林木都在山上，四季常青。台灣相思、濕地松、紅膠木，是香港最常見的樹木，被稱為香港的林業三寶，但這三寶以及很多常見的樹種，其實都不是香港本地的原生品種。大約 6000 年前，香港被茂密的原始森林覆蓋。隨着人類在這裏定居，原始林地被不斷砍伐逐漸消失。取而代之的是自然演替而來的次生林。但到了二戰中的日佔時期，正在漸漸恢復中的香港山林，又遭日軍大量砍伐作戰時軍需，山頭幾乎一片荒蕪。現存的香港山林，種植着不少二戰後引入的外來樹種，它們比較適應貧瘠的土壤。經過半個世紀的積累，香港山林才恢復生機。

　　香港的山林是一個充滿生物多樣性的寶庫，數千種植物和上萬種動物形成環環相扣的食物鏈和共生鏈，共同維持生態系統的穩定及平衡。香港曾經有過雲豹、老虎和黑熊這一類頂級掠食者，現在有 50 多種哺乳類動物。自從最後一隻老虎在二十世紀四十年代消失之後，重達 200 公斤、長可達兩米的野豬就成為香港現存體型最大的陸棲哺乳類動物。牠們是香港山林中的老住戶，目前大約有 2500 隻。不同的物種各顯神通，發展出不同的生存之道。土沉香釋放特殊香氣，吸引胡蜂帶走種子；山椒鳥在枝頭繁育後代，建立家庭；野生猴羣聚族而居，共同抵御外族侵略；螞蟻讓土壤通氣、傳播種子，分解有機物質，為其他動物創造棲息地。

　　香港是一座林中有城，城中有樹的都市。開埠初期，城市向山坡上發展，客家人用傳統砌石方法，建造名為乾牆的擋土石牆，鞏固被切割和填充的山坡，以便建房子和道路。一些榕樹種子被附近山林中的鳥不經意銜來，在石塊的接縫裏扎根，根系穿過石縫一直深入牆後，得到泥土及地下水的滋養，長成參天大樹，就這樣，人類、動物、樹木土石多種因素的交融，成就了牆上的樹林。

　　與自然和諧共生已是香港人刻進基因的意識。香港的山林不僅是動植物的家園，也是都市人重新發現自我的起點，當人類能更好地與其他物種共生共融，山林會贈以無限生機。

近在咫尺的山林

山中有城，城中有林

　　在香港新界與九龍的天然分界上，密集的城市建築緊貼着挺拔蒼翠的獅子山，不僅包含着香港人的精神象徵，也展示了香港的一個典型地理特徵：山中有城，城中有林。

　　數百種鳥類在枝頭穿梭，50 多種哺乳動物在此安家，上百種爬行類動物、數千種昆蟲在香港的山林間建立牠們的王國。

香港林業三寶

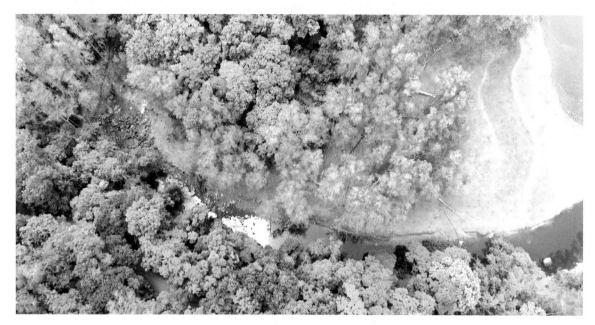

生機盎然的香港山林

台灣相思來自中國台灣

濕地松源自美國

紅膠木源自澳洲

　　台灣相思、濕地松、紅膠木，是香港最常見的樹木，被稱為香港的林業三寶，但它們都不是香港本地的原生品種。

　　還有很多香港常見的樹種，比如桉樹、馬尾松等等，其實都不是香港本地的原生品種。那麼，為甚麼在香港很難見到原生樹木呢？

　　大約 6000 年前，香港被茂密的原始森林覆蓋，隨着人類在這裏定居，原始林地被不斷砍伐逐漸消失，取而代之的是自然演替而來的次生林。但到了二戰中的日佔時期，正在漸漸恢復中的香港山林又遭日軍大量砍伐作戰時軍需，山頭幾乎一片荒蕪。現存的香港山林，種植着不少二戰後引入的外來樹種，它們比較適應貧瘠的土壤。經過半個世紀，香港山林才恢復生機。

煙斗柯與華南青岡

香港的原生樹種之一：
煙斗柯

香港的原生樹種之一：華南青岡

#3

香港原生物種

你知道嗎？

殼斗科樹種

　　煙斗柯和華南青岡都是殼斗科樹種。根據在整個華南的植被研究，殼斗科的樹其實是一些比較原始樹林裏比較優勢的樹種，即樹冠層的頂，都是這種類型的樹去形成。

資料提供：侯智恆博士，香港大學
生物科學學院首席講師

瀕危物種：土沉香

這棵被政府安裝的鐵網和紅外監控設備保護起來的樹叫土沉香，又叫牙香樹、白木香，這種中國南方地區特有的土沉香，和東南亞的沉香樹屬於近親，但並不相同。

土沉香是香港稀缺的原生樹種，也是盜伐者們垂涎的目標。它們含有的一種天然香料 —— 沉香，號稱「香中之王」。

你知道嗎？

「香港」名字的由來

沉香，原本是土沉香樹自我療傷的產物，是傷口被樹脂浸潤後緩慢形成的特殊材質。人類採伐沉香用作薰香、藥物和藝術收藏已有數千年的歷史。香港的水土適合土沉香生長，從宋代就開始大規模種植土沉香，因此成為著名的香料產銷地。「香港」最早指的是沉香貿易進出的石排灣港口，在明代逐漸變成整個島的名字。土沉香和香港就此綁定了前世今生之緣。

土沉香的果實

土沉香的果實，每顆果實裏面有兩顆種子和附屬油脂體。

土沉香的果實成熟裂開，種子滑落，但它們並沒有直接掉在地上，而是通過細絲掛在半空，看起來像是吊在半空的毛毛蟲或蜜蜂。暴露在外的土沉香種子，面臨脫水致死的危險，但土沉香自有辦法，它拿出了看家的本領，釋放特殊香氣。一隻尋味而來的胡蜂很快到達，不到一分鐘，它就剪斷絲線，把種子帶走了。胡蜂會在吃掉種子上的附屬物之後，把種子扔掉，於是沉香樹的種子就會在陰濕的大樹下，找到一個最有利於發芽的環境。土沉香的繁衍方式是大自然的精妙設計，讓山林中的動物與植物互利共生。

被盜砍的土沉香

其實只有不到十分之一的土沉香樹會產生沉香。很多非法砍伐的人只是賭一賭運氣，大批土沉香樹卻慘遭滅頂之災。

經過人類持續的砍伐，土沉香日漸稀少。

目前在中國，土沉香被列為國家二級重點保護植物，國際自然保護聯盟把它列入瀕危物種，多個國家已禁止沉香產品的交易，但仍然屢禁不止。

你知道嗎？

外來樹種對本地生態的影響

外來樹種可以是非入侵性的和入侵性的。非入侵物種可以為當地的生物多樣性做出貢獻，並豐富城市觀賞綠化樹木資源，然而，它們通常無法為木土野生動物提供適當的棲息地、庇護所或食物。入侵物種具有快速繁殖和高度擴散的特點，它們能迅速擴散和扎根，佔據本地物種的棲息地，並勝過本地植物。因此，本地物種可能會受到抑制，導致數量減少或消失，入侵物種將侵奪它們的生境和生態功能。總而言之，入侵物種會減少本地生物多樣性，並導致那些依賴受抑制樹木的野生動物的流失。

資料提供：詹志勇教授，香港教育大學地理

及環境科學研究講座教授

香港郊野公園分佈

香港的山林主要存在於遍佈全港的 24 個郊野公園中

這些郊野公園佔據香港陸地面積的 40%

香港「郊野公園之父」—— 王福義

　　二十世紀六十年代，環保觀念在全球興起，香港開始規劃郊野公園。被尊稱為香港「郊野公園之父」的王福義，是最早參與郊野公園規劃的香港公務員之一。現如今的香港，更加注重生態的保育，保育生物的多樣性。

#4

家門口的郊野公園

專家有話說

王福義

人與自然的關係

　　人和大自然的關係有很多不同的類型，有些人覺得自己是主人，有些人認為大自然是一個超級市場，有些人就當自己是一個大自然的管家。其實大自然不是屬於人類的，但是人類要負責看顧看守這個大自然。我們要認識大自然的規律，在大自然的規律之中，人和大自然保持一種和諧的關係。

—— 王福義博士，香港中文大學地理與資源管理學系客座教授

你知道嗎？

郊野公園對香港的重要價值

　　香港以其超高密度和高層城市發展模式而聞名，建築物和道路的主導地位削弱了在建成區域內插入綠化的機會。這座城市的建成區裏極度缺乏公共休憩用地，人均僅有大約三平方米，是世界上最低的地區之一。幸運的是，香港已依法將大約 40% 的鄉郊地區指定為郊野公園。這些城市周邊自然地區基本保持原始狀態，為香港市民提供了重要的戶外休閒場所。郊野公園也為極多樣化的動植物提供了棲息地，並在自然保育方面發揮着關鍵作用。此外，這些交通便利的自然景點可以作為環境教育的生動課堂。重要的是，城市的綠色邊緣可以充當一道屏障，防止無節制的城市擴張和開發。

資料提供：詹志勇教授，香港教育大學地理及環境科學研究講座教授

灰喉山椒鳥夫婦共築愛巢

#5

山林愛情故事

中國傳統文化中，人與自然最理想的關係是天人合一，對大自然的描繪與感悟，也是中國歷代經典藝術作品的重要主題。在元代趙孟頫、明代邊文進和清代郎世寧的花鳥畫中，曾出現過同一種鳥的身姿，這就是山椒鳥。

香港大埔滘的山林

香港新界東側大埔滘的山林裏，一對灰喉山椒鳥找到一個合適的樹杈，開始共築愛巢，準備迎接新生命。紅色羽毛的山椒鳥是先生，黃色羽毛的則是太太。

牠們輪番尋找合適的樹葉地衣以及蜘蛛絲回來築巢，然後，丈夫外出覓食，太太留在巢裏，負責孵化新生命。

牠們夫唱婦隨，被視為忠貞之鳥，在中國傳統文化中有吉祥的寓意。當牠們的孩子長大，也將在這片山林中建立自己的小家庭，一起覓食，一起餵養後代，延續這片枝頭的盎然生機。

香港的鳥類

　　香港面積雖小，但曾記錄到的鳥類品種數目竟超過 570 種之多，相當於全中國野鳥數目的三分之一。香港鳥類品種繁多，主要是因為香港位處華南沿岸，受到亞熱帶海洋性氣候的影響，形成濕地、樹林、灌叢和海岸等不同生境，讓對生境需求各異的鳥類均有適合棲息的環境。而且，香港亦地處東亞—澳大利西亞鳥類遷徙的路線上，不少遷徙性鳥類每年都會途經香港再往南或北飛，或以香港為其度冬地。因此，香港是一個理想的觀鳥熱點，在全年不同時間、不同地點均能欣賞不同習性的鳥類的千姿百態。

　　鳥類品種數目甚多，為便於了解牠們的習性，可根據不同的準則分門別類。例如，可以按牠們生活的主要生境，分為林鳥（即主要在樹林中活動的鳥類）、濕地鳥類（即主要在濕地環境出沒的鳥類）等。另一個分類方法，則是根據牠們的遷徙習性，分為留鳥、候鳥、遷徙鳥和偶見鳥。

　　留鳥一般是指那些全年在本土逗留及繁殖的鳥類。根據此定義，香港約有五分之一的鳥類可被界定為留鳥。在市區中，常見的留鳥有樹麻雀、鵲鴝、叉尾太陽鳥、夜鷺和紅耳鵯等。在郊野，白胸翡翠和小白鷺則是常見於濕地的留鳥。另一方面，遠東山雀和暗綠繡眼鳥（相思）則全年常見於香港的林地。

　　香港曾錄得的雀鳥品種中，約 20% 為留鳥，30% 為冬候鳥，40%為遷徙鳥，5% 為夏候鳥，其餘約 5% 則為迷鳥／偶見品種。

資料來源：香港漁農自然護理署網站

野豬一家穿過溪澗

野豬出沒

一隻野豬在香港仔郊野
公園午睡

#6 山林原住民——野豬

野豬是香港山林中的老住戶，目前大約有 2500 隻。牠們是雜食性動物，特別喜歡用鼻子去翻拱植物根部，或吃泥土中的小動物。

香港曾經有過雲豹、老虎和黑熊這一類頂級掠食者，現在有 50 多種哺乳類動物。自從最後一隻老虎在二十世紀四十年代消失之後，重達 200 公斤、長可達兩米的野豬，就成為香港現存體型最大的陸棲哺乳類動物。

在香港，野豬一直是一個有爭議的物種，一般來說牠們習慣避開人類，但近年來情況有了變化。在市區街頭，野豬會不慌不忙四處遊逛覓食，這樣的場景在香港很常見。

野豬所到之處或引起騷動，或造成滋擾，甚至發生野豬傷人事件。野豬受挑釁、受驚嚇後，可能會作出攻擊行為，此外野豬也有機會傳播疾病，對公共衛生構成風險。所以香港政府適度管控，並提醒市民不要靠近投餵，更不要嘗試把野豬帶回家養。在寸土寸金的香港，野豬是坊間經常討論的話題，到底是野豬闖入了人類空間，還是人類侵佔了野豬的地盤？人和野豬是否可以和平共處？

香港的山林是一個生物多樣性的寶庫，鳥獸、草木，數千種植物和上萬種動物，形成環環相扣的食物鏈和共生鏈，共同維持生態系統的穩定及平衡。香港郊野公園景色怡人，林木常綠，山中既然無老虎，猴子就成了小霸王，無憂無慮，住在這城市後花園裏，也不拿自己當外人。

#7

佔山為王——野生猴子

香港目前有大約 1800 隻野生猴子，主要分佈在金山、獅子山和城門郊野公園。猴子聚族生活，有首領，有分工，長幼有別，共同抵禦外族侵略。

野生獼猴的平均壽命一般只有 15 歲。

牠們有趣的模樣，一度吸引很多市民和遊客的投餵。但為了避免造成猴子過多繁殖，香港政府早就立法禁止餵猴，所以在香港，猴子不是想餵就能餵的。

從哺乳動物到昆蟲，在擁有超過一萬種動植物的香港山林裏，不同的物種各顯神通，發展出不同的生存之道。

黃猄蟻（Oecophylla smaragdina）是香港最常見的螞蟻之一，生性兇猛，捕食團結。

#8
超強作戰力——黃猄蟻羣

一隻倒霉的甲蟲，誤闖了黃猄蟻羣的家，這下牠麻煩大了。這隻甲蟲，體重是黃猄蟻的十倍，牠試圖擺脫黃猄蟻的圍攻。雖然甲蟲的腳都長有鈎爪，但也難逃劫數，注定成為黃猄蟻羣的食物。

習慣分工合作的黃猄蟻，在另一邊啟動緊急機制，修復剛剛被外來生物破壞的蟻洞。牠們第一時間保護幼蟲，帶牠們到安全的地方。

前線工蟻就以大顎牢牢咬着葉邊，中間的工蟻抓緊前面一隻的腰部，一隻接一隻，以身體組成蟻鏈，直到最後的工蟻成功着陸，咬到另一片葉子。

工蟻把幼蟲叼出來，幼蟲會對準葉子的接合處吐絲，黏合葉子，直至縫合巢穴。

詹志勇

專家有話說

人與自然最理想的關係

　　人與自然最理想的關係應該包含人們對大自然的理解、尊重、擁抱、保護和熱愛等相關重要特徵。沒有大自然，生命就不可能存在，人類也不會存在。地球上每一個受過教育的人，都應該了解生態系統中眾多生物和非生物成分之間關係的錯綜複雜和相互依存。能夠理解自然因素和過程的複雜網絡的人，將對它們的龐大和多樣性感到敬畏，尤其是它們內在的自我控制、平衡和可持續性。人類必須徹底改變破壞性的思維和行為，並立即轉向與大自然謙卑共存的方式。

—— 詹志勇教授，香港教育大學地理及環境科學研究講座教授

你知道嗎？

螞蟻在生態系統中扮演的角色

　　香港有 300 多種螞蟻，大部分分散在林間。螞蟻看似微不足道，卻擔當着平衡生態的作用。螞蟻讓土壤通氣、傳播種子，分解有機物質，為其他動物創造棲息地。香港大學生物科學學院助理教授及香港生物多樣性博物館創辦總監管納德博士 (Dr. Benoit Guénard)，與來自全球的螞蟻專家們完成了估算全球螞蟻的總重量和數目，從而評估全球各處生物多樣性的水平。研究的結果相當驚人，全球螞蟻總重量估計高達 1200 萬噸，比人類以外所有其他哺乳動物的總重量還要多。保守估計，目前地球上有大約兩萬兆隻螞蟻，是銀河系恆星數量的 2000 倍。也就是說，在地球上遇到一個人，就代表着同時間存在着 250 萬隻螞蟻。

　　香港山林中有 50 多種蛇，大部分都無毒，但可別掉以輕心，這裏有 14 種原生陸棲毒蛇，其中八種蛇毒性可以致命。

中華眼鏡蛇 —— 香港最毒

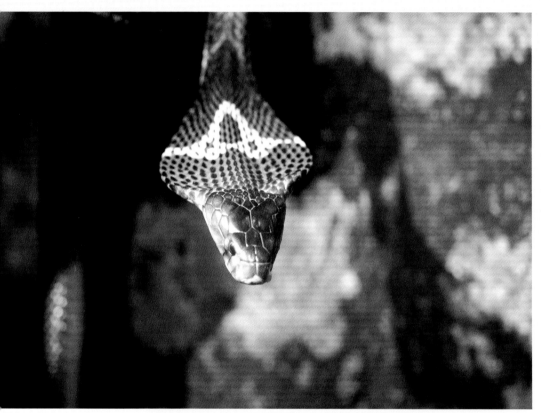

中華眼鏡蛇（又名飯鏟頭）是香港常見的毒蛇

#9

曲折前進 —— 野生蛇類

三索錦蛇裝死

　　一條路過的三索錦蛇在眾目睽睽之下翻肚仰天，屏息不動。這招叫裝死，牠希望獵食者對自己的屍體失去興趣，然後伺機逃走。

蛇王放蛇歸山

　　在香港，原本為餐館和藥舖提供野生蛇類的職業捕蛇能手，被稱為「蛇王」。如今蛇王依然捕蛇，只是相比從前，目的大不一樣。

　　蛇作為獵食性動物，是山林食物鏈中的重要一環，對於維持生態平衡十分重要。而在香港，城市與自然環境非常靠近，野生蛇誤闖民居頗為常見，人蛇衝突如果處理不好，受傷的可能更多的是蛇。

你知道嗎？

野生蛇類拯救計劃

　　香港的半自然棲息地（亞熱帶次生林和低地濕地）滋養各種蛇類，加上城市與自然環境靠近、蛇類野外棲息地被開發，而且香港存有頗健康的蛇類族羣，因此野生蛇在香港誤闖民居的事件頗為常見。嘉道理農場暨植物園動物保育部於 1999 年開展「野生蛇類拯救計劃」，與漁農自然護理署及香港警方合作，為香港警方出勤捕獲的蛇類提供協助，有助緩解本港市民與野生蛇的衝突。野生蛇類計劃自 1999 年開始以來，已通過蛇王的捕捉、送救和其後的放歸山林，拯救了一萬多條野生蛇。

網紅打卡地：科士街石牆樹

　　香港島堅尼地城科士街，一片超過百歲的榕樹林點綴在城市街道旁，但如果往下看會發現，這片樹林竟然沒有長在地面上，而是生長在牆上，香港人叫它們「石牆樹」。

　　石牆樹在香港有上千棵，生長在 500 多道牆上，形成一道香港特有的城市森林景觀，不僅城中有林，而且牆中有樹。

　　香港開埠初期，城市向山坡上發展，客家人用傳統砌石方法建造名為乾牆的擋土石牆，鞏固被切割和填充的山坡，以便建房子和道路。

10

城中有林，牆中有樹

榕樹號稱「天然絞殺者」，有着纏繞生長的習性。一些榕樹種子，被附近山林中的鳥不經意銜來，在石塊的接縫裏扎根。根系穿過石縫一直深入牆後，得到泥土及地下水的滋養，長成參天大樹，就這樣人類、動物、樹木、土石，多種因素的交融，成就了這片牆上的樹林。

石牆樹，就好像大自然為香港打造的懸空森林，人類是否可以複製它呢？

「空中樹林」：將軍澳變電站

這裏是將軍澳的一個電力公司變電站，大約十年前，有着「樹博士」之稱的詹志勇就在這裏實驗了他的解決方案。他結合科技與環保理念，把這個變電站變成了一個「空中樹林」，讓樹木長在建築物上。

俯瞰這座「空中樹林」，欣賞都市與自然的完美融合。根據詹志勇教授的介紹，「空中樹林」的意思，就是在屋頂那裏製造一個大自然的樹林，設計原則完全跟隨大自然那個結構。根據樹木科學大量的研究，樹根主要集中在表面一米的土壤，於是他設計了一米深的土壤。此外，樹同樹之間的根是互相緊扣在一起的，在底下結成一個網，風吹起來就更加穩固。

你知道嗎？

如何打造城市中的森林？

　　城市有三類主要的基礎設施，灰色基礎設施表示人造覆蓋物和建築結構，綠色基礎設施表示植被區域，藍色基礎設施表示水體，它們爭奪寶貴的土地資源，尤其是在香港這類的緊密都市。富有遠見的規劃可以在這三種基礎設施之間找到平衡，為城市引入足夠的自然元素。一座典範的綠色城市應該擁有大量的綠色和藍色區域，連接並靠近住宅區、機構、商業和工業區。它們應該充滿代表該地區植物譜系的不同植被類型，包括嵌入都市基質中的密林和複層林。

作為「氣候調節器」的城市森林

　　城市森林可以緩和當地的氣候條件，植物的降溫效應主要有助於此功能。城市森林中樹葉的蒸騰作用、土壤及其他濕潤表面的蒸發，可以從環境中吸收大量熱量。樹木提供的樹蔭可以減少太陽輻射產生的熱量。因此，樹木較多的環境將顯著降溫，一大片城市森林可以形成一個涼島效應，以抵消日益嚴重的熱島效應。種植城市樹木可以作為減緩氣候變化影響的重要工具。

資料提供：詹志勇教授，香港教育大學地理
及環境科學研究講座教授

#11

去行山吧

　　香港人把去郊野公園遠足稱為「行山」，它是香港人的一種重要生活方式。每年都有上千萬人次的香港市民，沿着不同的行山路徑走入山林，漫步、健身、遠足、燒烤，以至家庭旅行或露營。129 條行山徑，遍佈全港郊野公園，每一條都帶來不一樣的體驗，把人與自然完全融合在一起。

麥理浩徑

　　香港有着四大行山路徑：麥理浩徑、衞奕信徑、港島徑及鳳凰徑。

　　麥理浩徑，橫跨新界東西，是香港四大行山路徑中最長的一條，100 公里的總長度，分成十段，每一段都有專門的入口和出口，難易程度也都不同。

每一年，香港約有
1200 萬人次去行山

你知道嗎？

香港行山路線的難度等級

　　香港的行山路線由政府劃分成三個不同等級的難度，包括適合初學者的易行等級，適合多數人行山的普通難行等級，還有坡陡、路險的難行等級，最近幾年又開發出更多的新路線，更多的香港人加入了行山者的行列。

OCEAN

海洋篇

#1

我們與海洋共生

位於西太平洋和印度洋交匯處的香港，海洋面積為 1651 平方公里，比陸地面積還大 500 平方公里。由於處於溫帶和熱帶的交界，熱帶和溫帶的大量海洋生物都聚集在這裏。

珠江在香港的西側入海，創造了一個淡水和鹹水交融的地帶，吸引了許多適應低鹽度環境的生物，在香港這片海域繁衍生息。通過走近海洋生命金字塔中的珊瑚區，講述全球氣候危機挑戰下珊瑚、海藻等瀕危海洋物種繁衍生息的故事。

海藻是地球上最古老的生物之一，在香港有 264 種被記錄，在健康的生態環境中，海藻和珊瑚總量平衡並不難，但如今受生態系統及氣候變化所左右，海藻和珊瑚其實都面臨着同樣的危機。

珊瑚學院創始人崔佩怡博士等香港科學家，見證持續進行的海洋生物保育行動。崔佩怡博士運用微切割與融合技術，提高珊瑚的生長速度。從海洋中收集珊瑚碎片，然後在實驗室中進行切割及精心培育，待珊瑚生長及融合後，將牠們放回大海。

從中華白海豚，到綠海龜，再到蘇眉魚等極度瀕危的物種，政府部門和民間生態保育機構一直在為保護這些不斷減少的海洋生物採取行動。

數據顯示，珠江口區域的中華白海豚數量每年減少 3%，香港海域的中華白海豚數量，20 年時間裏下跌超過七成，目前估計只有幾百隻。中國已把中華白海豚列為國家一級保護動物，和大熊貓屬於同一保護級別。

探索與認知，思考與行動，給了香港與海洋共生的能力。

春天，香港西貢海域的水下，一對小丑魚看上了這隻吸附在岩石上的海葵。牠們決定在這裏安家，繁衍後代。魚卵就藏在海葵觸手下面的岩石上，呈現出橙色或粉紅色。

在海葵觸手揮舞的間隙，吸引了各類浮游生物到此一遊，也為海葵送來美味的食物。

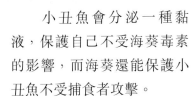

#2 海葵與小丑魚的共生

小丑魚會分泌一種黏液，保護自己不受海葵毒素的影響，而海葵還能保護小丑魚不受捕食者攻擊。

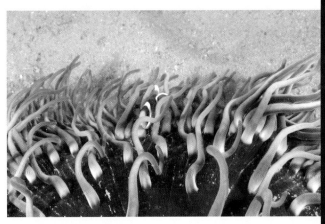

在透明的卵中，有一雙雙小小的眼睛出現，這些就是未來小丑魚寶寶的魚卵。

小丑魚媽媽不停地繞着海葵游動，確保海水流通，為新生命的到來做好周全準備。

即將出生的小丑魚寶寶們每天都會受到媽媽的呵護。

你知道嗎？

香港海洋物種概況

香港的海洋面積為 1651 平方公里，比陸地面積還大 500 平方公里。香港的海，面積不到全中國海域的 0.03%，卻能找到全中國接近四分之一的海洋物種，為大約 6000 種海洋生物提供理想的家園，種類數量相當於整個波羅的海的水平。

雖然香港海洋面積僅佔中國海洋面積約 0.03%，但海洋物種卻佔全國約 26%，有紀錄的物種逾 6000 種。

港產 Nemo 和「小丑森林」

香港的海洋物種可謂「富可敵國」，電影《海底奇兵》(Finding Nemo) 令小丑魚成為人見人愛的寵兒，其實香港也有「港產 Nemo」，還有一個「小丑森林」。

「港產 Nemo」原名為克氏雙鋸魚，與電影中的 Nemo 顏色不盡相同。前者以黑、白及黃色為主色調，後者則主要是橙白相間的顏色，不過，香港的海域同樣也可找到後者。克氏雙鋸魚通常與海葵共生，哪裏有小丑魚，哪裏就會有海葵。

雖然海葵刺細胞充滿毒素，但小丑魚皮膚上的黏液可中和海葵的毒素，亦可以抑制海葵觸手上的刺細胞彈出，使得小丑魚可以安居在海葵之中避開捕食者。同時，小丑魚亦會為海葵消除壞死的組織和寄生蟲。小丑魚和海葵互惠互利的「合作關係」，正是兩者共生的原因。

西貢對出的橋咀尖洲盛產海葵和小丑魚，有「小丑森林」之稱。據香港政府漁農自然護理署資料，小丑魚亦出沒於海下灣與東平洲海岸公園的海葵之間。自從香港 2012 年尾禁止拖網捕魚後，香港海底復活，水質改善，物種和生物量也漸漸增加，這印證了人類活動確實能夠影響和左右海洋生態的健康活力。

珊瑚

#3

珊瑚和海藻面臨的危機

最常見的珊瑚種類之一：石珊瑚

最常見的珊瑚種類之一：柳珊瑚

遍佈海底的珊瑚羣，不同種類的魚穿梭其間展示出一個生機勃勃的海底世界。

每隻珊瑚蟲都有一個中空的柱形身體，身體四周長滿觸手。

過去 30 年間，海水因為吸收大量二氧化碳而過度酸化，嚴重影響了珊瑚的鈣化過程。海水變暖使全球各海域的珊瑚大量發生白化，這是珊瑚走向死亡的預兆。

你知道嗎？

香港海域的珊瑚種類

　　珊瑚是一種古老的無脊椎動物，通常分為石珊瑚、軟珊瑚和柳珊瑚三大類。珊瑚主要生存在熱帶、亞熱帶區域的淺海，全球魚類總數的四分之三生活在珊瑚區。位於東南亞海域的「珊瑚大三角」又號稱「海中亞馬遜」，是全球生物多樣性最高的造礁珊瑚生態區。

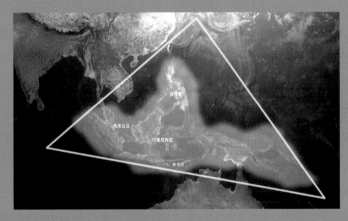

「珊瑚大三角」示意圖

　　香港海域正位於「珊瑚大三角」的北端，珊瑚種類豐富，這裏的石珊瑚有 84 種，比整個加勒比海還多 30 幾種。

　　河豚、石狗公、鏡斑蝶魚等多達 350 多種的魚類暢遊在香港的珊瑚羣中。然而這些傲人的數字並不那麼讓人樂觀，因為香港的珊瑚近年也面臨着全球氣候危機的巨大挑戰，珊瑚每年一厘米的自然生長速度，完全追不上牠被破壞的速度。

　　香港浸會大學曾經在本地做過一項調查，發現潛水者每次下潛到海洋中，平均會觸碰海洋生物 14.65 次，包括觸碰珊瑚 5.9 次。

　　閃光燈拍照和觸摸，可能會給海底生物帶來干擾甚至生命危險。人類的不當行為，甚至可能斷送一個小型生態鏈的存續。對很多海洋生物來說，這些人類，是破壞牠們家園的不速之客。

海藻

香港海域生長的海藻,能夠抓住海中的塑料碎片淨化海水、吸收二氧化碳。

你知道嗎?

海藻和珊瑚如何相依平衡?

牠們都需要充足的陽光進行光合作用,也需要足夠的空間生存和繁衍。光線和空間正是牠們爭奪的資源。

珊瑚一年才長一厘米,而海藻只要有充足的營養一天能長一寸。一旦海藻過度繁殖就會影響珊瑚的生長,也會影響珊瑚的自我修復過程。

但是海藻過少也不行,牠們的葉片和附生藻是眾多魚類、無脊椎動物、海龜和海馬等生物的滋養之源和棲息場所,牠們還能夠抓住海中的塑料碎片淨化海水、吸收二氧化碳。

海藻是地球上最古老的生物之一,在香港有 264 種被記錄,在健康的生態環境中,海藻和珊瑚總量平衡並不難,但如今受生態系統及氣候變化所左右,海藻和珊瑚其實都面臨着同樣的危機。

人類過度捕撈魚類,導致部分以海藻為食的生物失去天敵過度增長,進而吞噬殆盡這美麗的海藻。失去了海藻,幼魚無法得到食物和居所,海洋生態系統的平衡也受到威脅。

　　崔佩怡博士，香港中文大學珊瑚學院的創始人，致力於珊瑚的修復和保育，很多本地人都稱呼她「珊瑚媽媽」。她帶領研究團隊探尋如何拯救香港海洋的珊瑚，運用微切割與融合技術，提高珊瑚的生長速度。

　　從海洋中收集珊瑚碎片，然後在實驗室中進行切割及精心培育。

　　實驗室內精心培育的珊瑚，待生長融合後，再將牠們放回大海。

#4 科技重塑珊瑚

　　用有性繁殖方式培殖的珊瑚，是另一種保護和促進珊瑚遺傳多樣性的方法。

　　研究人員先是從海底收集到珊瑚釋放的包含精子和卵子的配子束。

然後在實驗室讓其受精
孵化成珊瑚幼蟲。

再花費兩年時間，養育至可以抵禦
海浪的成熟珊瑚，然後再放入大海。

被放回大海的實驗室珊瑚，慢慢開始自然生長。

崔佩怡

香港珊瑚覆蓋量的急遽下降

　　位於香港東北部的吐露港赤門海峽曾經是一個水體污染嚴重的水域。該區的污染問題主要源於沙田和大埔新市鎮的發展，隨着大量人口居住在這一帶地區，污水排放、禽畜業和工業廢水等問題嚴重。早在八十年代初，就有研究團隊見證着珊瑚覆蓋率由高達 70-80%（也就是說，如果在水底行走十步，可能有七步或八步會踩到珊瑚），短短幾年內急劇下降到不足 10%。隨着香港政府推出「吐露港行動計劃」，吐露港水質得到顯着改善。然而，根據中文大學團隊於 2013 年進行的後續調查顯示，珊瑚羣落的覆蓋率僅不足 2%。即使水質改善已經持續了 15 年，珊瑚羣落仍未能自然恢復。

—— 崔佩怡博士，香港中文大學生命科學學院研究助理教授

如今的吐露港海域赤門海峽

2023 年 7 月 13 日，人們在西貢的南風灣看到了鯨魚的身影。這條鯨魚是一條布氏鯨，身長大約在七至八米之間。

#5 布氏鯨誤闖香港海域的悲劇

牠不斷地浮出水面張開
大嘴。

張開嘴的鯨魚似乎是在
進食。在牠周圍穿行着漁船
快艇，其安全令人擔憂。

鯨魚身上的巨大傷痕令
人觸目驚心。幾天後傳來了
這條生命結束的消息。有專
家分析，船隻螺旋槳的碰撞
和海上圍觀帶來的壓力，可
能是這隻年幼的布氏鯨失去
生命的主要原因。

甚麼是布氏鯨?

布氏鯨是一種生活在全球熱帶到溫帶海域的鬚鯨,背部深灰色,腹面黃白色,是一種不經常浮上水面的鯨魚,體表通常會附着一些浮游生物。牠的體型相對較小,體長約 14 公尺,並且具有典型的流線型修長身軀,牠們一年四季都需要捕食。布氏鯨主要以魚類和大型浮游動物為食。

布氏鯨緣何誤闖香港海域?

香港的海域大多比較近岸且水淺,所以有鯨魚闖入實屬罕見。不過香港每隔兩、三年都會偶爾有鯨魚出沒紀錄,因香港東面的水域接壤太平洋,所以通常很大機會能在西貢水域發現牠們,但也有人曾在香港的西部水域發現過鯨魚。

鯨魚通常會棲息在深水區域,西貢這片水域 13 米至 15 米水深,其實並沒有超出牠的活動深度,可能是因為追隨魚羣而偏離常規路線,或者是由於導航能力出現問題,牠才來到了這片陌生的海灣裏。

從政府到民間都在呼籲大家不要再去打擾這些鯨魚,所有鯨豚動物都受到香港法例第一百七十章野生動物保護條例的保護。

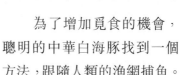

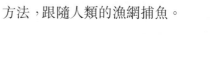

在中國東南沿海的珠江口海域，活躍着世界上最大的中華白海豚種羣，目前數量大約 2000 多隻。

這些可愛的生物性格友善，身姿優美，牠們年幼的時候身體呈深灰色。

隨着年齡增長逐漸變為粉白色，被人們視為天使一般的海中精靈。

為了增加覓食的機會，聰明的中華白海豚找到一個方法，跟隨人類的漁網捕魚。

#6

尋找中華白海豚的身影

你知道嗎？

保護中華白海豚 努力進行時

在中國，人們正在抓緊時間保護這類瀕危物種，中國廣東省成立了「珠江口中華白海豚國家級自然保護區」，香港特區政府也在牠們出沒的海域，劃設出多個海岸公園及海岸保護區，限制人類在其中的活動，以此保護牠們的棲息地不受到人為破壞和影響。

已經實施 20 多年的觀豚守則也規定，海豚 500 米內只能有一艘船逗留，如果相距少於 100 米，則要關掉引擎。在香港海域，中華白海豚靈動的身影，標誌着完整海洋生態鏈的存在，牠也給這個全球最繁忙的都市港口，提出了一個人類與海洋如何共存的課題。

你知道嗎？

瀕危的中華白海豚

　　科學家們發現全球 10-15% 的海洋物種，因為氣候變化、海洋污染和過度捕撈，正面臨滅絕的風險，包括鯨魚、鯊魚、海豚在內，諸多海洋生物類別，種羣數量迅速減少。

　　數據顯示，珠江口區域的中華白海豚每年都會減少 3%，香港海域的中華白海豚數量，短短 20 年時間裏就下跌超過七成，目前預估只剩下幾百隻。中國已把中華白海豚列為國家一級保護動物，和大熊貓屬同一保護級別。

　　中華白海豚喜羣居，且更願意在較為開闊的水域覓食，有時也會全家總動員，前往近岸淺水區覓食，而這裏恰恰也是人類活動頻繁的區域。中華白海豚倚賴回聲定位來覓食、社交和導航，因此對噪音極其敏感，水底的低頻噪音會影響牠們的正常生活，高頻噪音甚至會對牠們的生命造成威脅。

　　通常在漲潮時分，中華白海豚會聚集在正作業的漁船後方，等待捕捉漏網之魚。牠們喜歡吃的魚，人類也喜歡吃，而且還常常一網打盡。為了增加覓食的機會，聰明的中華白海豚找到一個方法，跟隨人類的漁網捕魚。這無疑比自己在大海中捕食更輕鬆，但這也大大增加了牠們被漁網纏繞的風險。

　　中華白海豚的壽命通常在 40 年左右，牠們的繁殖速度非常緩慢，雌性海豚在九歲以上才開始生育，平均間隔三年才能產下一隻小海豚，因此相比於其他海洋物種中華白海豚的種羣保育，需要更長的時間才能恢復和穩定。

綠海龜

　　被港人視為掌上明珠，進行重點保育的海洋動物不止中華白海豚，還包括江豚、鯊魚、海龜、海馬等，其中綠海龜是唯一在香港有產卵記錄的海龜。綠海龜是世界第二大的海龜，牠們的產卵季節為每年的四月至十月。

　　這隻綠海龜叫蝦醬，是漁護署從野外救回來的，目前受養於香港海洋公園。

　　自 2000 年起，香港海洋公園與漁農自然護理署展開合作，拯救和護理那些受傷或在野外擱淺的綠海龜。

蘇眉魚

　　一條巨大的蘇眉，正享受着穿透水面的陽光。

　　在牠身邊穿梭着五顏六色的珊瑚魚，然而這裏並不是大海，而是香港海洋公園的水族館。

你知道嗎？

拯救綠海龜在行動

在海龜產卵的七個月期間，市民進出這裏受到法例限制，違者最高可被判處罰款五萬港元。在每年的海龜產卵季節，這片海灘都設有人員駐守，定期清理垃圾，以免人類垃圾妨礙綠海龜產卵，也為剛孵化的小海龜爬向大海清除障礙。

可是近幾年來，人們再未見到綠海龜在此產卵的景象。海洋生態已經比過去複雜得多，在環球洋流中，長途遷徙的綠海龜面臨比過去更艱難的生存條件，氣候變化、海洋污染、非法捕撈、意外傷害，任何一個因素都可能導致綠海龜無法上岸產卵。因此，自 2000 年起，香港海洋公園與漁農自然護理署展開合作，拯救和護理那些受傷或在野外擱淺的綠海龜。

時至今日，已有超過 100 隻海龜獲救，並在重拾健康後返回大海。在放歸之時，這些海龜會裝上金屬扣，或植入晶片記錄身份，讓科研人員能跟蹤牠們的行跡，收集遷徙路線和活動範圍的數據，為制定進一步保護措施提供參考。

2021 年，香港政府決定延長深灣沙灘的限制期，從五個月變成七個月，限制區域也從沙灘延伸至鄰接的綠海龜繁殖水域，把這裏更長久的留給綠海龜，等待牠們再次到來，以香港作為繁殖地。

水族館裏的蘇眉魚

蘇眉是世界上體型最大、壽命最長的珊瑚魚類，一般能活 30 年。牠因為隆起的額頭而被俗稱為「拿破崙」，牠的命運也因為海洋生態的變化，和人類的過度捕撈而遭遇滑鐵盧。30 年間，全球蘇眉魚數量已經減少一半，在香港的海域中已經很難見到牠們的蹤影。現在，人們通常只能在香港海洋公園的水族館裏看到牠們優雅的身姿。

　　在香港這片寸土寸金的海域之中，每一年都會發現新品種的海洋生物，在過去的十年間，香港海洋生物種類已由 5000 多種增至約 6000 種。

食角孔珊瑚背鰓海蛞蝓

　　這隻身長約三厘米，身上帶有鮮豔顏色和花紋的軟體動物，是香港海域發現的新物種──食角孔珊瑚背鰓海蛞蝓。

#8

不斷被發現的海洋新物種

褐帶背鰓海蛞蝓

這隻身長不到一厘米的物種，也是新發現的一種海洋生物，被命名為褐帶背鰓海蛞蝓。

褐帶背鰓海蛞蝓局部微觀圖，可見其白色的身體帶有褐色條紋。

今天，全球各地的海洋物種多樣性降低，香港的海洋也都面臨着已經非常脆弱的地球海洋生態環境，但大自然的自我修復能力也不容小覷。一旦氣候條件恢復正常，水體環境開始改善，海洋中的萬物就能夠逐漸恢復生機。現有物種的生存危機，和新物種的大量出現同時存在，這或許是大自然與香港的一種對話。

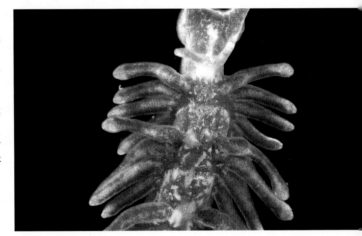

你知道嗎？

兩個新海蛞蝓物種「褐帶背鰓海蛞蝓」和「食角孔珊瑚背鰓海蛞蝓」，是被香港浸會大學生物系邱建文教授團隊在 2020 年發現的。這是相隔 20 年後，再次在香港水域發現新珊瑚物種。邱建文教授和團隊在過去十年間，已經在香港海域發現了 12 個新的物種。

SHORES

水岸篇

#1

臨水而居的大學問

彎曲的海岸線是香港地貌的基本特徵之一，全長 1180 公里的香港海岸線，擁有 41 個公共泳灘，261 個離島，41 個狹長的天然泳灘遍佈各海岸，七個天然海岸公園和一個海岸保護區。

面積如此之廣闊的香港海岸線，由於位處熱帶及溫帶之間，令這個地方可以同時擁有豐富的生物種類，目前已發現的海洋生物就多達 6000 多種，而淡水魚也錄得 194 種之多。

其中，作為香港數量最多的鷺鳥之一，一年四季在香港海岸邊，都能看到白鷺的身影。牠們在這裏建巢求偶，棲息繁衍，成為這裏最獨特的香港居民。

正是由於這裏豐富的生物多樣性環境，才孕育出了這片海岸上能夠與之和諧共生，並且最早居住在這裏的漁民。如今的國際大都會，當年也正是由一個小漁村慢慢演變而來。

位於大嶼山海岸的大澳漁村，曾經是香港漁民蜑家人的羣聚地，有着獨樹一幟的水上人家風貌。每年農曆 4 月 23 日舉辦的盛大的汾流天后誕活動，是這裏傳承古老漁獵文化的生動寫照。

漁業在當今的香港仍然有着不可替代的位置。5000 多艘漁船，10000 多個從事捕撈作業的本地漁民，加上 26 個近岸魚類養殖區，穩定供應着香港本地海鮮需求的五分之一。

在西貢魚排，二代漁民不僅保留着出海打魚的傳統，也養殖魚類和珍珠，不但淨化海水環境，還帶來可持續的經濟收益。

如果說小漁村象徵着香港的過去，那麼海岸線的變遷和水岸生態的修復，則代表着香港的現在和未來的發展。

無論是蠔殼的回收再利用，還是以生態磚進行人工修復海堤，以及人類主動清理海洋垃圾的義舉等等，都正為香港的海岸保育發揮極其重要的貢獻。

全球大約 150 個國家或地區都依海而居，氣候變暖、海平面上升，以及由此帶來的生態問題，已經嚴重威脅到人類和其他物種的生存。

香港新界吐露港的海面上，一羣白鷺正在捕食魚類。作為香港數量最多的鷺鳥之一，一年四季在香港海岸邊，都能看到白鷺的身影。

#2

白鷺成長故事

牠們白天通常會在這裏捕食魚類，然後再返回岸上的家園。這隻白鷺剛剛從水中捕捉到一隻鮮魚，準備帶回自己的巢穴投餵自己的兒女。

香港新界大埔廣福道運頭角里，一個老社區旁有一片清幽的樹林，這裏就是白鷺岸上棲息的家園。

這裏距離吐露港海面只有數公里，飛行時間大約五分鐘即可到達，枝頭佈滿大約 200 個白鷺的巢穴，儼如一座城寨。

白鷺通常在春天一到就開始搭建自己的小窩，建築材料就是樹枝。

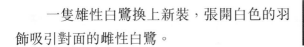

每年的三到六月，是白鷺繁殖的季節。牠們也會在這裏求偶，棲息繁衍。

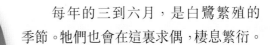

一隻雄性白鷺換上新裝，張開白色的羽飾吸引對面的雌性白鷺。

有情人終成眷屬。白鷺夫婦就在自己的新家喜結良緣，並開始繁殖後代。不久後，白鷺夫婦誕下了自己的孩子。

2023 年 7 月，香港天文台掛起全年首個八號風球。一隻幼鳥在風雨中夭折。

如何肉眼分辨大小白鷺？

　　鷺鳥廣泛分佈於全球各地，現時已知的共有 65 個鳥種。香港共錄得 18 種，當中以大白鷺、小白鷺、池鷺、牛背鷺及夜鷺數量最多。那麼普通人如何通過肉眼分辨大小白鷺？

　　大白鷺（Great Egret）：體型較大，長約 90 厘米，全身白色，腿黑色，嘴黃色而繁殖期間會轉黑。小白鷺（Little Egret）：體形較小，長約 60 厘米，全身白色，嘴和腿呈黑色，腳趾黃色。

香港如何保護鷺鳥？

　　香港的鷺鳥除了有每年遷飛過來的，也有很多是一年四季常住這裏的「香港居民」，為甚麼香港可以吸引到牠們在這裏世代繁衍？

　　香港能吸引鷺鳥在這裏世代繁衍，因為香港擁有濕地和水生生境，包括河流、魚塘、基圍等。這些水域提供了豐富的魚類和其他水生生物作為鷺鳥的食物來源。水域周邊的樹木亦適合鷺鳥棲息及繁殖。

　　此外，米埔及內后海灣的保育以及個別鷺鳥林的保護亦有助保護鷺鳥棲息和繁殖的地方。這些保護地區為鷺鳥提供了安全的繁殖環境，進一步促進了牠們在香港繁衍。

　　香港相關條例亦有保護本地鳥類，例如現時香港所有野生鳥類包括鷺鳥，均受「野生生物保護條例」第 170 章保護，該條例禁止捕獵、干擾鳥類及採集鳥蛋。

資料提供：柯嘉敏博士，世界自然基金會
香港分會濕地研究經理

「東方威尼斯」之趣

香港漁村的過去

大澳漁村，水邊搭建的木質棚屋清晰鱗次櫛比。

　　穿橋洞而過的舢舨船，讓它素有「東方威尼斯」的美稱，也使大澳穿越時光，讓人們看到香港最初的模樣。

遍佈大澳街巷、水岸邊的流浪貓是
大澳人與動物和諧共生的一個標籤。

有當地居民義務成立流浪貓之家，
專門收養這些流浪貓，照顧牠們的飲食、
起居，以及身體健康等狀況。

你知道嗎?

香港八大漁港都有哪些?

　　大澳，位於香港西南部的離島大嶼山，當年它和香港仔、筲箕灣、
長洲、青山灣、大埔、沙頭角及西貢並稱香港八大漁港。

　　這些漁港都是人口集中的避風港，亦因為有避風地方，成為漁船聚
集點，同漁業相關的生意好似造船、補給、販魚等商戶都在避風塘附近出
現，慢慢形成一個漁港小市鎮。而這些漁港當中，通常都會有不少廟宇，
最常見就是天后廟同洪聖爺廟。其實，除了上述八大漁港外，香港還很多
小漁村，散落在香港的不同地方。

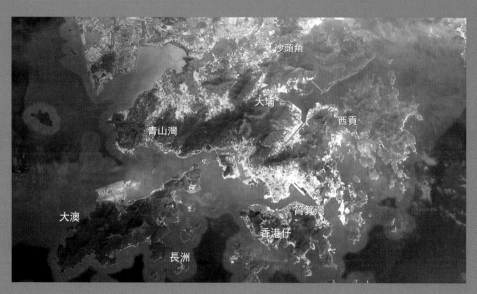

香港昔日八大魚港分佈地圖

傳統出海捕魚

　　在香港，漁民通常會使用流刺網來捕魚，捕魚時將網垂直置於海中，一段時間後（通常 12 個小時之後）再拉起收網。

漁民通過流刺網補撈上來的魚獲，包括花蟹等不同品種。

#4

香港漁業的歷史與現狀

你知道嗎?

傳統捕魚的幾種方式

漁民捕魚的方式有很多種,有的是用泥鯭籠,一部分是延釣,即一條繩子綁多個鈎放入海中,香港目前最常見捕魚的方式就是刺網。

刺網捕魚是一種古老的捕魚方式,在中國南宋時已有記載,被鈎纏住的魚往往像刺一樣掛在網上,所以稱為流刺網。由於歷史悠久,它被列入香港的非物質文化遺產。

此外,依然還能見到一些拖網船,即拖網捕魚的一種,也是目前一些國家仍在普遍使用的方式。自 2012 年起,拖網捕魚就被法律禁止在香港海域使用,這是為甚麼?

因為漁網在海底拖行,不僅給魚帶來滅族之災,也對海牀產生嚴重的破壞。海洋生態失去平衡,人類最終也是受害者。拖網捕魚已經被越來越多的國家和地區立法禁止或限制。

香港在拖網禁令實施僅僅半年後,香港水域中底棲物種的數量和豐富度就明顯增加,大型魚類回歸到香港水域,漁業資源逐漸恢復。

香港的西貢近岸區域,遍佈着大大小小的魚排,這裏不但是出海捕魚的起點,也是魚獲養殖的基地。

現代珍珠養殖

　　漁民們除了出海打魚，有的也會在魚排的水下養殖珍珠，不但可以淨化海水環境，給其他魚類提供更好的生長環境，養成的珍珠還能加工成珠寶等，成為經濟收入來源之一。

　　養殖成型的珍珠貝切開之後，可見裏面晶瑩剔透的珍珠。

專家有話說

甄華達

珍珠養殖優勢

　　珍珠貝本身是一個雙貝類，是一個濾食性生物。漁民養的時候，其實是不需要每日都買魚糧餵牠，因為牠能潔淨海水裏面的一些有機質來作為牠的食物，亦都可以幫助牠清潔魚排的水質。另一方面，他們也不用擔心現金流的問題，因為其實珍珠本身除了有商業價值之外，肉也可以吃的，而且即使珍珠產能達不到預期，貝殼也可以作為珍珠粉的美容用途，間接增加漁民的收入來源，降低成本和風險。

—— 甄華達博士，香港海洋生態協會理事

你知道嗎?

香港珍珠養殖的歷史

香港氣候溫潤,水溫在 18 到 28 度之間,近岸風平浪靜,很適合珍珠的生長。採集珍珠在香港已有 1000 多年的歷史,自古以來就是中國重要的朝廷貢珠出產地。二十世紀五十年代,香港珍珠養殖業更盛極一時,是亞洲珍珠養殖最發達的地區之一。珍珠廣泛用於珠寶、醫藥、美容、裝飾行業,六十年代因為颱風破壞及珍珠蚌苗供應不足,珍珠養殖業漸趨沒落。

香港養殖漁業的現狀

早在石器時代,香港就已經有人類捕魚活動。在她成為大都市之前,漁村、漁船、漁港是她被外界所熟悉的樣子。捕魚為生的蜑家人、鶴佬人、客家人曾居住於漁船上,停泊在避風塘內,被稱為水上人。

現在大多數漁民已上岸生活,但漁業在當今的香港仍然有着不可替代的位置。

5000 多艘漁船,10000 多位從事捕撈作業的本地漁民,加上 26 個近岸魚類養殖區,穩定供應着香港本地海鮮需求的五分之一。

汾流天后誕的傳承

　　每年的農曆 4 月 23 日，是大澳人的汾流天后誕。汾流天后誕會進行接神、賀誕、抽花炮等儀式和舉行聚餐和競投聖品等活動。這也是香港漁獵民俗文化在當下的傳承。

　　每到天后誕來臨之前，村民們會在一片空地提前搭建好一個戲棚，作為活動的場地。

　　這個戲棚足夠容納幾百甚至上千人同時在此祈福拜神、聚餐、舞獅等活動。

舞獅是汾流天后誕最具儀式感也是最熱鬧的活動之一，通常舞獅的都是少年。

切乳豬也是天后誕通常會有的重要祭祀環節，切好的乳豬供奉完天后娘娘，村民們便可以一起享用一頓美味大餐。

天后誕搭建戲棚，還有一個重要的功能，那就是邀請粵劇團上演神功戲。

汾流天后誕與大澳社區

　　作為國家級非物質文化遺產項目之一，汾流天后誕會聘請粵劇團上演三日四夜神功戲。同時，值理會於汾流天后誕慶祝活動期間舉行導賞活動，一方面讓公眾理解「大澳」與「汾流」之間的關係，另一方面，讓公眾明白漁業、神功戲與大澳社區的關係。

　　以大澳為例，因為好多漁民，他們因為要出海作業，所以都是要聽天由命，因此出海前都會祈求菩薩保佑，祈求一帆風順。

大澳居民供奉的天后
媽祖神像

每年農曆 4 月 23 日，
漁民們都要對天后神像
進行拜祭

汾流天后誕和神功戲

　　天后，又稱媽祖，是海岸人世代信奉的保護神，如今 80 多間天后廟，遍佈港九新界和離島。

　　香港的天后廟規模不大，部分更在傳統的廟宇宗教建築加入現代建築方法及模式，廟與廟之間沒有從屬關係，其中以大廟和元朗天后廟神誕活動的規模最大。

　　天后廟原來都建在海邊，現時很多天后廟在較內陸位置，是因為歷年來的填海工程所致。

　　香港人對自然的敬畏與感恩，在媽祖信仰的千年香火中綿延。

　　「神功」是指敬奉神明而做的功德，廣府團體在籌辦神誕、太平清醮及廟宇開光等神功活動時，大多會聘請粵劇戲班在臨時搭建的戲棚內演出神功戲，以娛神娛人，人神共樂。戲班除了演出正本戲外，亦會演出《六國大封相》和《天姬送子》等例戲。若演出所用的是新搭建的戲台，戲班會先進行破台儀式「祭白虎」，以祈求演出順利。

資料來源：香港非物質文化遺產資料庫

　　香港泥灘旁的招潮蟹，一邊揮動大鉗，一邊用小鉗，將泥土送進嘴裏，吃掉泥土中的有機物，再吐出泥渣。

　　招潮蟹揮舞大鉗的目的，一方面是宣誓領地，另一方面是為了吸引異性。

　　為了爭奪心儀的對象，雄性招潮蟹有時會展開激烈對峙。

#6

招潮蟹「比武招親」VS 香港鬥魚築巢孵卵

招潮蟹的特徵

　　香港共有六種招潮蟹,特徵各異。不同種類的招潮蟹,外觀顏色也不同,大鉗是雄性招潮蟹獨有的招牌,揮舞起來像是在呼喚潮水的到來,這也正是牠們名字的由來。但實際上,牠們揮舞大鉗,真正的目的是守護領土和吸引異性。

　　招潮蟹生性喜歡躲在洞中,這樣既能躲過被捕食的危險,又可以不用擔心被曬乾。

　　招潮蟹將泥土送進嘴裏,吃掉泥土中的有機物,再吐出泥渣這樣的進食習慣,讓泥灘變得更清潔,因此牠們也被稱作泥灘管理員。

香港鬥魚建巢孵卵

　　香港除了海岸,淡水溪流也遍佈香港的山澗河谷。這裏的生態環境也備受人們的關注,鬥魚是淡水河岸生態的其中一個具有代表性的物種。

　　新界大埔滘的溪流中,一條成年雄性鬥魚向水面吐泡泡築巢。目的是為了趕在下一次暴雨來臨之前,給自己即將出世的魚寶寶提供一個安全的家。

　　牠們天生勇猛好鬥,但一旦有了孩子,雄性鬥魚就會轉型為溫柔奶爸,魚卵被存放在氣泡中。

在魚爸爸的日夜守護之下，小傢夥們逐漸開始孵化出來。這是正在孵化小傢伙的魚卵泡泡。

你知道嗎?

香港鬥魚的特徵

香港鬥魚曾被誤認為黑歧尾鬥魚（Macropodus concolor），是香港唯一以香港命名的初級淡水魚。香港鬥魚的軀幹一般全黑至灰色，身體橢圓形，兩側扁平。幼魚棲息於水流緩慢的沼澤，成魚可在河溪和沼澤找到。

香港鬥魚主要分佈於本港的東北地區。由於分佈過於狹窄，加上城市發展等威脅，令香港鬥魚面臨絕種威脅，香港政府正進行保育計劃。

資料來源：香港漁農自然護理署網頁

西貢海鮮 VS 蠔的秘密

在西貢公眾碼頭，每天都會有漁民將出海釣來或養殖的新鮮魚獲直接擺在船上，向碼頭橋上的遊人售賣。

這些新鮮的漁獲，轉眼間就進了海鮮餐廳的後廚，被加工成一道道海鮮大餐，圖為蠔肉加工的一道菜式。

剛加工好的海鮮還冒着熱氣。

全港幾大海鮮熱門目的地

香港人愛吃海鮮是出了名的，這些吃海鮮的熱門地點也正是香港主要的漁港所在地。

全港幾大海鮮熱門目的地位置圖

數據顯示，香港人是亞洲人均海鮮消耗量第二高的地區，每一年港人可以吃掉近 50 萬噸海鮮，平均每人消耗 66.5 公斤，是全球人均食用量的三倍多。

蠔有海味之王的美稱，很受香港人喜愛。不過這道食材還隱藏着意想不到的秘密。

小小的一隻蠔，一天能過濾 200 公升海水。一個奧運標準泳池的水量，只需要七平方米面積的蠔礁就能過濾乾淨。

香港新界流浮山的后海灣，與對岸的深圳灣遙遙相望，隨處可見的蠔殼堆滿了岸邊。

這些被丟棄的蠔殼，以及海鮮餐廳產出的蠔殼，會被環保機構進行回收加工，造成蠔礁，首先就要把蠔殼放在太陽下晾曬消毒。

蠔殼變廢為寶

經過太陽晾曬消毒後的蠔殼才可以集中捆綁在一起放入海水中。

這些放入海底的蠔殼形成蠔礁，就成為海洋生物的棲息地，增加了生物多樣性。

在魚排放入蠔殼，科學家就能夠測試出蠔殼究竟能為多少種海洋生物提供棲息地。

你知道嗎？

為何蠔殼可增加海岸生物多樣性？

蠔殼凹凸不平的表面，可以為幼小的海洋生物提供棲息地，蠔殼組成的蠔礁則能夠作為緩衝帶，減弱風暴和巨浪對海岸的侵襲。

然而全世界貝類礁的流失速度快得驚人，估計全球已喪失 85% 的貝類礁。

近幾十年間，世界上很多國家和地區都不遺餘力地通過重建蠔礁，來改善近岸海域生態。香港，也是先行者之一。

專家有話說

羅頌翹

蠔殼的妙用

蠔殼究竟有甚麼妙用？其實蠔在幼蟲的時候就需要一些硬的表面去附着，讓牠們能黏上去生長，而牠們最喜歡的就是蠔殼本身了。所以當我們要做蠔礁修復的時候，你可以想一下，如果把一些像蠔殼這樣的硬的東西放到海裏，就會有很多的海洋小生物都可以黏在這些硬的表面裏成長，慢慢就可以形成更多新的蠔礁了。所以蠔殼可以說就是一種我們來用來修復蠔礁要用到的物料。

—— 羅頌翹，大自然保護協會前保育項目經理

#8 人工修復生態海堤

位於小蠔灣的人工生態海堤，遍佈着一個個類似藝術品的小格子間，裏面聚居着不同種類的小生物。

人工生態海堤的目的就是為了吸引海洋小生物前來入住，從而增加這裏的生物多樣性。

實驗證實，放置了四個月，科學家在上面找到 44 種物種，相較以往大幅增加。

你知道嗎?

生態海堤與生物多樣性的關係

　　香港有 16% 的海岸線屬於人工化海堤，不利海洋生物棲息，削弱了海岸生態系統。香港海洋生態學家、香港城市大學海洋污染國家重點實驗室主任梁美儀教授，想出一條妙計，把屯門 T-Park 焚化爐棄置的灰燼及沉積物廢料物盡其用，升級再造成為環保生態磚，為現有的「石屎海堤」創造比較自然的生境，既解決本港都市固體廢物問題，又能改善生態，增加生物多樣性；海堤變為一條生態走廊，使海洋動植物能健康生長，為海洋生物提供糧食，也可成為育苗場增加漁業資源，一舉三得。

　　梁美儀教授是這個項目的主理人。早在 2016 年，他所在的海洋污染國家重點實驗室，聯合土木工程拓展署在這裏開展試點。

　　「生態磚塊」的設計非常有心思，其整體為傾斜，故有不會被陽光直射的陰暗部位，可減低其在潮退及夏天時的溫度，解決現有海堤過熱的問題。同時，「生態磚塊」亦有可供海洋生物躲避捕食者的罅隙及溝槽。

　　梁美儀教授帶領研究團隊測試「人工生態磚塊組件」，並安裝在大嶼山深水角和屯門樂安排的垂直海堤進行 12 個月的測試，結果發現海洋生物量急增高達四倍。該項技術可應用於香港現有的所有海堤，能改善香港人造海岸的海洋生態系統。

　　不過梁教授也強調，有生態海堤不代表可以隨意填海。相反，鑒於大灣區海岸線高達 63% 都建了人工海堤，對生態環境有不同程度的影響。他相信，生態海堤的技術能應用於大灣區，作為生態修復的緩解方案。

資料來源：香港城市大學海洋污染國家重點實驗室

人工生態磚的作用

　　人工生態磚結合了「生態」與「工程」的原理，磚塊表面粗糙、具坑紋的設計，為較小的生物提供了遮蔭和縫隙的多元化生境及庇護所，從而吸引更多較大的生物如魚和蟹等，建立豐富的生態系統。

　　我們的研究結果清楚顯示，通過人工生態組件令棲息地變得複雜多樣，能夠有效提升海洋生物多樣性。這項技術可應用於香港現有的所有海堤。

—— 梁美儀教授，香港城市大學海洋污染國家
重點實驗室主任及化學系講座教授

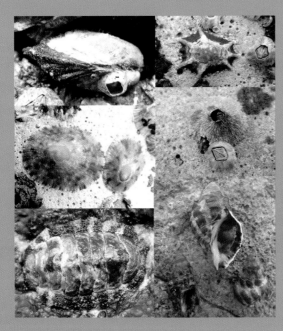

在人工生態組件上找到的不同物種（圖片來源：香港城市大學海洋污染國家重點實驗室）

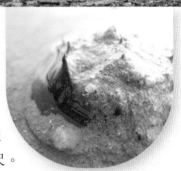

#9

探秘馬蹄蟹 & 鬼網傳說

新界白泥，在遊客心目中是一個觀賞日落的經典場景。潮水退卻，泥灘上時常會出現一種生物，馬蹄蟹。

剛出生的馬蹄蟹只有指甲蓋大小，從出生到成年通常需要十幾年。成年後牠們體寬一般在 20 厘米左右，香港海域曾記錄到寬達 36 厘米的馬蹄蟹，體長達到 0.5 公尺。

擇水岸而棲，與白鷺為鄰，無論是寧靜小漁村，還是繁華大都會，臨海而居的香港人在岸邊，學會與自然相處之道。香港從小漁村發展成大都會，水岸是她為自己勾勒出的生命線。靠海吃海，愛海護海，是香港人從大自然習得的智慧。守望這一片清澈水岸，享受向海而生的快樂，有捨、有得、有收、有放，因為勇敢出發，所以感恩歸來。

你知道嗎？

「活化石」馬蹄蟹

馬蹄蟹學名叫做鱟，全球現在有四個馬蹄蟹品種，亞洲就有三種，美國有一種。香港就可以找到四種中的其中兩款，這裏最常見的、比較小的叫做中國鱟。馬蹄蟹還有另一個名叫做活化石，因為牠們在這個地球上已經生活了超過三億年。

健康的水環境有利於馬蹄蟹的發育成長，通過蠔礁的修復，其實也為馬蹄蟹這樣的近岸水生物創造了一個能夠快速生長的好環境。

但是瀕危的馬蹄蟹近年來也和其他近岸生物一樣，飽受海洋垃圾和鬼網之害。

你知道嗎？

甚麼是鬼網？

隱藏在水中的鬼網，是海洋生物的死亡陷阱。

前人留下了大量遺失或廢棄的漁具，比如漁網、漁籠、漁絲和漁鈎等等，被香港人統稱鬼網。

這隻花蟹就是被鬼網困住的生物之一，在生死關頭掙扎之際，被潛入海底的義工出手相救。

海洋垃圾之患

　　海洋垃圾,是一個嚴峻的全球性問題,它不僅對人類聚居的近岸地區有影響,更會漂至全球各處海域。60% 以上的海洋垃圾都來自人類,香港作為世界上人口最稠密的地區之一,每天會產生上萬噸的固體垃圾。其中 0.5% 進入了海洋,這個比例看似不大,但它們對海水環境和海洋生物的影響卻非常大。

　　海洋垃圾也是造成生態破壞的原因之一,遍佈海岸的垃圾常常對海岸的生物多樣性產生極其惡劣的影響。

FIELDS

田野篇

#1 並未遠去的鄉野

香港地處亞熱帶，土地肥沃，每年有一半時間氣候溫和，陽光普照，雨水充沛，極少出現霜凍，生長季貫穿全年。自古以來，這裏就是聲名遠播的稻米產地。新界北部出產的絲苗大米質量上佳，有「米王」之稱，曾經是朝貢佳品。二十世紀初的香港，農業也曾是主要產業。以蔬菜命名的街道，顯示着曾經的滄海桑田。

隨着城市化的快速推進，如今，在香港約 45 平方公里的農業用地上，常耕農地只有 7.33 平方公里，香港人餐桌上超過九成的食品都來自境外，但目前仍有約 2600 個農場，4400 餘個農民和工人每日為本港提供生鮮農產品。精耕細作的園藝種植也讓香港農業向高產值升級，20多年來，香港有機農場的數量翻了 30 多倍。香港的花卉以進口為主，但仍有約 123 公頃農地用於種花，以劍蘭、百合、菊花為代表的鮮切花是重要的高產值作物。本地花農雖然種植面積不大，數量也不多，但靠着成熟的國際切花產業交易渠道和本地自然生態環境的優勢，仍然能夠以質取勝。香港文化中西合璧，東西方的不同節假日，不同商業經營場所，不同人生階段，人們以花為媒，傳遞愛與祝福。

生境之利，造就了生物多樣性，各種環境指標性物種證明着香港生態環境的優質。鳳園成為了蝴蝶的伊甸園，香港共發現 240 多種蝴蝶，約有 220 種在鳳園；香港有記錄的蜻蜓超過 130 種，至今依然有新的蜻蜓品種不斷被發現，沙羅洞就是蜻蜓的天堂；已被列為「極度瀕危物種」的禾花雀每年冬天由西伯利亞遷至熱帶地區過冬，途徑香港休息補給，塱原復育的水稻為牠們提供了果腹的口糧；國際大都市充滿野性的另一面在田野中得以釋放，梅子林村也變成了生態導賞的新熱點。但香港無法在全球氣候變化中置身事外，加深認知、科學保育，是香港正在做的努力。

散佈在新界和離島的 700 多個村落，有一些被華南鄉村特有的「風水林」所環抱，既是村民的信仰依托，又是村莊的天然屏障，調節着村落的微氣候。時代的巨輪滾滾向前，田園牧歌的生活曾被拋在身後，但二十世紀背井離鄉的移民如今又逐漸回潮，集合力量，重振家園，從政府到民間興起的復耕保育之風，延續着古村落的血脈。

從農耕時代綿延至今的港式田野成為都市人擁抱大自然的好去處。大人和孩子踏入古老的稻田學習流傳千年的插秧技藝；新晉農人腳踏實地辛勤耕耘，尋找心靈的歸屬；藝術家從身體與自然的對話中汲取滋養和靈感；理想主義者在田間地頭實踐着鄉村復興的夢想。

許多人類曾經生活的遺址，未來或許會成為其他動植物的家園。把選擇的權利交還給自然，讓野性回歸田野，這是香港的選擇。

香港街頭的春意

　　香港的四月天,鬧市的街頭變得色彩繽紛。藍花楹、決明子、魚木花帶來春天的信息;暗綠繡眼鳥興奮不已,紅耳鵯在枝頭跳躍。這一切都給高樓林立的香港帶來自然的野趣。

藍花楹
(賞花打卡地:灣仔星街)

決明子
(賞花打卡地:中環美利酒店、迪欣湖、大角咀)

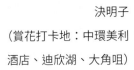

魚木花
(賞花打卡地:太子道西)

#2

鬧市枝頭的繽紛花鳥

你知道嗎？

其他賞花打卡地

櫻花：大帽山扶輪公園、香港單車館公園、長洲關公忠義亭、大埔海濱
　　　公園

繡球花：大埔海濱公園、山頂公園、天水圍公園

洋紫荊：九龍仔公園、鰂魚涌公園、大埔海濱公園

黃花風鈴木：南昌公園、香港仔海濱公園、香港單車館公園

香港常見留鳥

暗綠繡眼鳥，又名「相思」，受
到很多人的喜愛

紅耳鵯，高聳的黑色冠羽獨樹
一幟

黑領椋鳥，有着嘹亮的叫聲

香港是全世界最繁忙的城市之一，被形容為「寸土寸金」。少有人知道，二十世紀初，農業曾經是香港的主要產業。直到今天，高樓大廈的背後，田園牧歌依然在北部的田野鄉間回響。

香港地處亞熱帶，土地肥沃，每年有一半時間氣候溫和，陽光普照，雨水充沛，極少出現霜凍，生長季貫穿全年。自古以來，這裏就是聲名遠播的稻米產地。

環保團體帶領民眾學習插秧。早在 1990 年，香港城鎮化率就已經達到 100%。香港人吃的大米，大多從外地進口。自己親手種植和收穫大米，如今在香港成為一種難得的體驗。

#3 城市裏的田園牧歌

上水河上鄉稻田

你知道嗎？

稻米種植

　　稻米耕作可分為旱稻、早造水稻、鹹水稻，及晚造水稻，而稻米耕作一般可因季節分為四個階段：春耕、夏耘、秋收、冬藏。

　　新界稻米耕作歷史悠久，在 1688 年《新安縣志》和 1898 年《駱克報告書》均指出，稻米當時是新界地區的主要農作物。二次世界大戰結束前，新界稻田約佔全港耕地 80% 以上，元朗更曾是深圳河兩岸最主要的稻米種植地點。

資料來源：香港非物質文化遺產資料庫

　　在香港農業史裏，香港新界北部土地肥沃，出產的絲苗大米質量上佳，有「米王」之稱，曾經是朝貢佳品，更遠銷海外。

塱原計劃 —— 農耕淡水濕地

塱原，是如今香港僅存的農耕淡水濕地，也為不同鳥類提供了開闊的棲息地。

目前正在進行一個政府與民間合作的項目「塱原計劃」，把鳥類的保育和人類的耕作有機結合起來。

你知道嗎？

塱原計劃

在香港特區政府的支持下，自 2005 年開始，環保組織長春社及香港觀鳥會，於塱原開展了香港首個農業式濕地的管理項目，目標保育塱原的文化景觀及生物多樣性。此管理項目邀請農夫及土地擁有人合作，制定並實行有利於水鳥和其他濕地生物多樣性的水田及濕地管理措施，包括建立更多元的水田濕地生境、減低化學農藥及肥料的投入、季節性淹水、人工鳥島、繁殖期保護措施等等。項目亦重新引入一些傳統的水田農作物，如水稻、荸薺及慈菇，以增加生境異質性（habitat heterogeneity）。其中水稻復育的工作尤其成功，一些從前常見但隨着稻田消失而變得罕見的冬候鳥及過境遷徙鳥，如鷸科雀鳥，現在重新在塱原記錄到穩定的數量，水稻復育更帶來了其他意料之外的社區及教育效果，引起了相當的社會關注，更重要的是鄉村社區的注目，對推動香港農業濕地的保育工作有非常正面的作用。

資料來源：香港觀鳥會

田野在香港生境中扮演的角色

香港的田野泛指多種開闊的生境，包括草地、農地及淡水沼澤等，孕育着豐富的生物多樣性，是眾多鳥類、昆蟲和兩棲爬行動物覓食和繁衍的棲息地。其中，農地上可以有着多樣的微生境，除了為本地的昆蟲和留鳥提供食物，亦是不少候鳥和過境遷徙鳥的補給站和度冬地，當中不乏全球受威脅，以及依賴濕地的物種。每逢春夏雨季，不少蛙類和蜻蜓都會在農地的水生環境求偶繁殖，而水田和周邊的水道更會時常成為蝌蚪、昆蟲幼蟲和魚類的藏身之處。

資料提供：香港漁農自然護理署、鄉郊保育辦公室

香港以菜地命名的街道

　　西洋菜是香港人煲湯的心頭好。有資料顯示，西洋菜於十九世紀九十年代引入香港種植，早年香港仔、旺角西洋菜街和九龍城都曾有菜田。

　　旺角，香港最具本土特色的購物街區。原本臨海的旺角水源豐富，一度是香港重要的蔬菜供應地，自從 1860 年九龍半島被割讓，菜田也在填海造陸、大興土木的城市化進程中消失。

　　旺角古稱「芒角」，據說之前遍地芒草，地形如深入海中的一隻牛角，二十世紀三十年代後改名「旺角」，也是取個「興旺發達」的好彩頭。這些由蔬菜命名的街道，顯示了曾經的滄海桑田。

本港食物供應情況

#4

香港人的鮮活餐桌

　　對食材新鮮度的執着，是香港人刻進骨子裏的品位。遍佈十八區的200多個街市，就成了生活中不可或缺的存在。

　　香港人餐桌上超過 90% 的食品來自香港以外。內地是香港最重要的鮮活食物供應地，但本地農產品依然受到港人的歡迎。在香港約 45 平方公里的農業用地上，常耕農地只有 7.33 平方公里，發展農業，相當於在螺螄殼裏做道場。目前約有 2600 個農場，4400 餘個農民和工人每日為本港提供生鮮農產品。

香港本地有機蔬菜

　　不少熟客週末會專門來到本地農墟，就為這一味剛下枝頭的新鮮而來。

香港本地養雞場

香港本地養豬場

有機農場

在有機農場勞作的香港菜農，將苗株移入苗格。

精耕細作的園藝種植，尤其是有機蔬菜的種植，讓香港農業向高產值升級。20 多年來，香港有機農場的數量翻了 30 多倍，截至 2023 年 3 月，據統計已有 345 個。

一個有機蔬菜大棚裏，顏色鮮亮的黏蟲紙困住了密密麻麻的小飛蟲。

　　有機農場通常採用無害的物理防蟲。防蟲棚儘可能隔離了蟲害，但也將蜜蜂、蝴蝶拒之門外，因此農夫需要手動給植株進行人工授粉。

你知道嗎？

香港本地農業情況

　　隨着本港發展成為高度都市化及以服務業為主的經濟體，同時愈來愈依賴進口食品供應，本地農業日漸式微。

　　香港是國際大都會，市場對新鮮優質的農產品有強大需求。再者，本地生產接近市場，能縮短運輸距離，減少碳排放，這正好能滿足市民追求環保健康綠色生活的意願。政府於 2023 年 12 月與漁農業界攜手制訂《漁農業可持續發展藍圖》，並提出循產業化促進農業的可持續發展，主要措施包括劃定農業優先區、推進農業園計劃、引入都市農業、發展休閒農業及促進多層式禽畜養殖場的發展等。藍圖的支援措施將會為本地農業發展帶來更多的機遇。

資料提供：香港漁農自然護理署、鄉郊保育辦公室

#5

中西合璧的花花世界

大東山芒草

　　香港的秋天也有「蒹葭蒼蒼，白露為霜」。大東山漫山遍野的芒草為大地披上金色的秋裝。大東山高 869 米，為香港第三高的山峯，僅次於大帽山及鳳凰山，每年 11 月至次年 1 月間都吸引遊人行山賞景。

　　在不遠處的城市裏，來自田野的各色鮮花帶着自己的花語，進入 750 萬人的日常生活。

桃花

　　桃花是最常見的年花之一，有着吉祥的寓意。這是本地花農種植的桃花。

龍膽桔

香港本地花圃裏，龍膽桔精神抖擻，會在新春佳節前，以最完美的姿態陸續進入千家萬戶，為香港人帶來新春的好意頭。

你知道嗎？

香港切花經濟

香港有約 123 公頃農地用於種花，以劍蘭、百合、菊花為代表的鮮切花是重要的高產值作物。香港的花卉以進口為主。本地花農雖然種植面積不大，數量也不多，但靠着成熟的國際切花產業交易渠道和本地自然生態環境的優勢，仍然能夠以質取勝。

小而美的鄉野是都市人自我療癒的安心之所，匯入這個都會的生命脈動。田野裏有着很多可愛的小夥伴。

極度瀕危物種：禾花雀

#6

田野裏的小夥伴

一隻雄性禾花雀

其實「禾花雀」是俗稱，牠們的學名是黃胸鵐（Emberiza aureola）。禾花雀每年都會由西伯利亞遷徙至熱帶地區過冬，途經香港休息補給，曾是一種極度普遍並廣泛分佈於歐洲和亞洲的鳥種。由於被過度捕殺導致數量稀少，牠們已被列為「極度瀕危物種」，塱原復育的水稻為牠們提供了果腹的口糧。

最佳拍檔：牛背鷺和水牛

香港大嶼山的水門村，水牛在 38 度的高溫下尋找陰涼。牛背鷺緊緊跟在牛的背後，準備捕食水牛踱步草叢時驚起的昆蟲。

牛背鷺也會站在牛背上，隨時為水牛啄食背上的寄生蟲，因此而得名，十分有趣。

相依在一起的「老友」不久將暫別。牛背鷺會離開香港，飛往中國北方，在那裏生下下一代。等春天到來，牠們又會回到這裏，和老朋友相聚。

#7
鄉郊的復興

香港的村落與風水林

如今的香港散佈着 700 多個村落，大部分位於新界及離島，田原牧歌般的生活持續了數百年。二十世紀七十年代，都市高速發展，生活在田野中的人們離開故土遠走他鄉，而這些土地和村屋經歷了數十年的寂寞之後，又有故人歸來。

風水林，華南鄉村特有的地標，源自於中國傳統文化中「人與自然和諧共存」的思想。村落在選址時，往往背靠山巒，前臨水溪，被山林環抱，形成「枕山環水」的佈局。風水之說其實內含科學原理，林木可以阻擋熱浪和寒風，調節微氣候，發生山泥傾瀉或者山火時，可以作為天然屏障，保護村莊的安全。茂密的闊葉樹林還維持着生物多樣性，令村莊的自然環境優美和諧。

你知道嗎？

風水林：人與自然的和諧共生

　　昔日村民因相信村後樹林具風水影響力而加以保護，及後加種經濟植物，結合而成風水林。風水林的植物物種豐富，喬木層樹冠濃密，常見樹木如黃桐、木荷、假蘋婆等，樹幹上常見苔蘚和攀援植物附生；灌木層以九節、羅傘樹等植物佔優勢；草本層和地被層則有各種蕨類和草本植物。風水林亦為野生動物提供食物和棲息地，為附近的生境提供自然演替及更生的物種來源，維持整體生態環境的物種多樣性。此外，風水林有改變微氣候的效用，亦是阻擋山泥傾瀉、山火等的天然屏障，有助保護鄉郊地貌及生境。

資料提供：香港漁農自然護理署、鄉郊保育辦公室

荔枝窩風水林

　　荔枝窩村是香港新界東北地區最具規模、保存得最完好的客家村落之一。荔枝窩村自然環境優美，還保留着幾百年來村民們精心護養的風水佈局。200 多間村屋，三縱九橫，依山勢排列，周邊築起圍牆，被大片風水林環抱。

　　荔枝窩村風水林一棵被稱為「空心樹王」的秋楓，樹齡超過百歲，依然生機勃勃。

榕樹抱秋楓,兩種不同的植物幾乎融為一體。

這棵五指樟,原有像五隻手指一樣的樹幹,其中一個枝幹已在日佔時期被日軍砍去,整棵樹後來在村民奮力保護之下才得以存活。

在本地非牟利機構和村民之間互助協作下,復耕農地、復修村屋、活化廢棄建築物等等多元和創新的保育活動,正發生在香港的鄉郊田野中。

你知道嗎?

推動鄉郊可持續發展

　　香港的偏遠鄉郊地區蘊藏豐富的自然生態、建築和人文資源,風光美不勝收。自二十世紀六十年代起,鄉郊村民漸漸離鄉別井,遷往市區或海外謀生,導致許多鄉村逐漸破舊凋零。為了保護這些瑰寶,特區政府致力推動保育鄉郊自然生態,活化鄉郊地區及其村落的建築環境,讓市民能夠認識,從而齊心保護當中的自然、人文資源,以及歷史遺產。

　　2017年,施政報告提出活化鄉郊的保育政策,提出既保護鄉郊自然生態,亦活化其村落建築環境,保育珍貴人文資源,為已近荒廢的偏遠鄉郊注入動力,並促進生態旅遊,以回應大眾對城鄉共生的願景。

　　2018年,鄉郊保育辦公室成立,統籌鄉郊保育,以促進偏遠鄉郊的可持續發展。鄉郊辦優先處理及深化兩個重點保育區,包括荔枝窩的鄉郊復育工作,以及推行沙羅洞的生態保育。

　　政府預留十億元撥款,進行促進偏遠鄉郊的可持續發展的保育工作及活化工程。鄉郊辦利用當中一半資金(即五億元),成立鄉郊保育資助計劃,支援本地非牟利機構及大學團體和村民互動協作,在偏遠鄉郊地區推展多元及創新的保育活動,致力全面加強偏遠鄉郊的可持續發展。截至2024年6月,鄉郊保育資助計劃共批出50個項目,累計獲批資助金額約為二億七千四百萬元。這些項目共舉辦了逾2000個與鄉郊保育有關的活動,參加的公眾人士逾48萬人次。

　　餘下五億元則用於小型改善工程及復育鄉郊現有建築環境,以改善偏遠鄉郊地區的基礎設施,便利村民及遊人。其中一個重點包括在荔枝窩興建一個新智能環保洗手間等。

資料提供:鄧文彬教授,BBS,香港鄉郊保育辦公室總監

復耕農地、復修村屋應當遵循的原則

　　決定一副農地是否適宜復耕，需要考慮其位置、地形、土質、附近沒有污染源和其他農業基礎設施的配置（包括電力供應、灌溉水源及農場運輸道路等）。

　　此外，在復耕農地方面，以沙頭角荔枝窩為例，目前鄉郊保育資助計劃資助的「荔枝窩自然管理協議」，透過自然友善農耕的方式，復耕荔枝窩的農地。這種耕作方式順應自然條件，確保耕作過程對環境無害，除了能夠保持農地的生產力，還可以提升其生態潛力。

　　荔枝窩的農產品包括薑、薑黃、白蘿蔔、冬瓜、水稻等，這些無添加農藥的農產品更天然、健康；有機及生態友善的農耕方式亦有助加強保育農田的生態系統。例如，水稻田可為野生動物提供濕地生境，增加生物多樣性。

　　在復修文物建築方面，以梅子林的老屋及壁畫屋為例，香港中文大學建築學院的項目團隊在鄉郊保育資助計劃支持下，採用三大設計原則：「就地取材」、「輕巧建築」、「共創」，利用就地材料建造夯土牆，將兩間破舊的建築物搖身一變，成為了村落的公共空間。

資料提供：香港漁農自然護理署、鄉郊保育辦公室

谷埔「廢墟花園」

一座荒廢了幾十年的房子，安靜地佇立在香港谷埔的一角。

谷埔保育的參與者 —— 香港大學建築學院教授王維仁計劃將這間舊村屋改造成一座「廢墟花園」，在他看來，這裏像個廢墟一樣，但又具有一種美感，人離開了，這裏恢復到一種自然的狀態。

王維仁

專家有話說

「廢墟花園」的意義

　　我們在這裏面感受到傳統建築的空間與自然材料的建造：夯土、石頭、磚瓦。同時，我們在這裏又可以體驗自然生態和人居生活是那麼貼近：後山的風水林、周邊的大樹，和院子裏的林木、土牆上蔓延的樹根。它們是自然滲透後和建築的共生，其實、整棟住宅已經轉化成為一個自然花園，一個可以學習的花園，讓我們感受到，自然跟我們就這麼近。今天，廢墟花園提供了這個機會，把這個歷史的過程，或者自然的過程、生態的過程，在這個時刻地方凝聚下來，讓我們去體會。這是我們覺得「廢墟花園」的意義所在。

—— 王維仁教授，香港大學建築學院教授

及中國建築城市研究中心主任

鄧文彬

鄉郊保育，各方攜手同行

　　鄉郊保育辦公室肩負着統籌及促進偏遠鄉郊的可持續發展的責任，致力於保育當地的自然生態、傳統和人文資源，同時亦希望注入新元素，推動可持續發展的綠色生態旅遊。保育鄉郊是新概念，要普羅大眾明白不容易，鄉郊亦有自己的獨特文化，要與持份者一齊做才有成果。過程中需要溝通、交流，我們先以小規模方式作嘗試保育，在累積知識及經驗後可以推展至其他鄉郊地區。

　　市民對保育能否產生興趣，以及熱情能否持續燃燒，關鍵不在於政府的長期資助，而是村民及社會各界的持續投入。這項工作需要多方合作，對外廣傳各村落的特點，讓市民對鄉郊有更多認識。

—— 鄧文彬教授，BBS，香港鄉郊保育辦公室總監

鳳園蝴蝶

　　位於大埔郊區的鳳園蝴蝶保育區，是香港乃至全亞洲著名的賞蝶勝地，被政府列為具特殊科學價值地點。香港約有 240 多種蝴蝶，鳳園就有約 220 種。

　　300 多年前，內地移民遷至鳳園開墾耕種，大片林地作為風水林被保存了下來。村民們種植的荔枝、菜心、薑花、蕉樹等作物，為蝴蝶幼蟲和成蟲提供了充足的食物。從此，鳳園成為香港重要的蝴蝶棲息和繁殖地之一。

　　都市發展給蝴蝶的生存帶來危機，村民陸續棄耕離鄉，田園逐漸貧瘠荒蕪，又有外國蝴蝶愛好者，來到無人管理的鳳園偷獵蝴蝶，導致蝴蝶數量銳減。直到蝴蝶保育區設立，才讓這裏再次成為蝴蝶的伊甸園。

#8

田野裏的環境指標性物種

一隻網絲蛺蝶倒立在地。腐敗的果實中,發酵的酒精讓牠神魂顛倒。

蛇眼蛺蝶是鳳園常見的蝴蝶品種。生境之利造就了蝴蝶的多樣性,而蝴蝶對氣候和環境也十分敏感。

中華蜂

和蝴蝶一樣,被視為生態環境指標性物種的,還有蜜蜂。

香港最常見的蜜蜂品種是東方蜜蜂，又稱中華蜜蜂。

你知道嗎？

世界蜜蜂日

　　蜜蜂和蝴蝶、蝙蝠以及蜂鳥等其他授粉媒介正日益受到人類活動的威脅。然而，授粉是生態系統中的一個基本生存進程。全球近 90% 的野生開花植物物種完全或在一定程度上依賴於動物授粉，而對於全球超過 75% 的糧食作物和 35% 的農業用地來說，授粉同樣重要。授粉媒介不僅直接促進糧食安全，對於保護生物多樣性也至關重要。

　　為了提高人們對於授粉媒介重要性的認識，了解授粉媒介所面臨的威脅及其對可持續發展的貢獻，聯合國將 5 月 20 日定為世界蜜蜂日。該紀念日旨在加強針對蜜蜂和其他授粉媒介的保護措施，將極大地幫助解決與全球糧食供應相關的問題，並消除發展中國家的饑餓問題。所有人都依賴於授粉媒介，因此，監測授粉媒介的減少情況和遏制生物多樣性的喪失至關重要。

資料來源：聯合國官方網站

沙羅洞蜻蜓

沙羅洞擁有豐富多樣的生境，享有「蜻蜓天堂」的美譽，是香港重要的蜻蜓繁殖和育幼場之一。

大埔沙羅洞裏的蜻蜓

蜻蜓的生活不能離開水邊，特別是在稚蟲階段，更需要在水裏生活、覓食。蜻蜓對水質和水環境周邊的植被要求很高，水質稍有污染就能讓牠們喪命。

落腳在禾尖的蜻蜓是香港田野生境中的點睛之筆。自 1854 年的第一個蜻蜓記錄開始，香港有記錄的蜻蜓超過 130 種，新的蜻蜓品種不斷被發現。豐富的記錄也說明了香港環境的優質。

WET-
LANDS

濕地篇

#1

與地球一起呼吸

　　濕地是與森林、海洋並列的地球三大生態系統之一，指的是被不超過六米的水深所覆蓋的獨特自然生境。流入濕地的水經過淨化之後，再為地球上的生命提供滋養，因此濕地被稱作「地球之腎」。

　　1971 年，《拉姆薩爾公約》在伊朗簽署，這是一份為了保育濕地及生物多樣性，而進行政府間合作的環境公約，中國在 1992 年正式加入了《拉姆薩爾公約》。

　　中國的濕地面積位列全球第四，其中香港米埔內后海灣濕地於 1995 年被列為「國際重要濕地」，它是中國第七片「國際重要濕地」，也是全球近 2500 片「國際重要濕地」之一。

　　地球上近五分之一的鳥類是候鳥，牠們季節性來往遷徙的路線，形成了全球九條候鳥遷飛通道。在經過中國的四條通道之中，東亞—澳大利西亞遷飛區是全球最繁忙的候鳥生命線。這條長達 13000 公里的通道串聯起 22 個國家和地區，為約 5000 萬隻來自超過 250 個不同族羣的候鳥沿途提供棲息地，對於全球生態平衡起着舉足輕重的作用。香港的米埔內后海灣濕地正處於這條候鳥生命線的中心位置。

　　從 1983 年開始，米埔自然保護區就由世界自然基金會香港分會管理。這片濕地位於水陸交匯的河口地帶，鹹淡水交融夾雜着大量的有機質，這些有機質成為魚類和一些底棲動物的食物來源，也吸引着眾多捕食濕地生物的水鳥們。

　　米埔及內后海灣濕地內，紅樹林、潮間帶泥灘、基圍、蘆葦叢、淡水池塘和魚塘，一起組合成一個完整的生態環境。這裏有着香港最大的一片紅樹林，紅樹林不僅庇護着生活在這裏的眾多生物，也保護着這一片海岸線，防止風暴潮侵襲人類生活的城市。它還能將二氧化碳封存在土壤、植物和其他沉積物中，使空氣得到淨化。

　　隨着全球氣候變化愈演愈烈，越來越多的香港人認識到，濕地不是過去被認為的荒廢泥地。它對大氣中碳的儲存能力，它對海岸線的保護能力，它對沿岸生態的穩定平衡能力，正在被香港市民一一熟知。除了紅樹林，濕地中還有很多對生態平衡有重要作用的植物。米埔基圍內的蘆葦叢面積達到 46 公頃，是香港最大片的蘆葦叢，也是南粵地區為數

不多的大型蘆葦叢之一。

一個平衡有序的生態系統，令地球萬物可以共存共榮，從大自然給予的信息中，也可以得知人類與環境相處得是否和諧。

香港不僅有自然濕地，還有大片的人工濕地，魚塘就是其中之一。早在二十世紀三十年代，就有漁民在后海灣從事淡水魚的養殖。現在后海灣一帶的魚塘，還有接近 1100 公頃，這些人工魚塘是香港濕地的重要生境之一。

香港北部的這片濕地，將被納入生態保育的重點區域，成為城市未來發展的寶藏地帶。

香港是國際貿易及金融中心，地產經濟發達，樓價在全球名列前茅。在城市基建和生態保育上權衡輕重，在有限的土地上照顧人的需要和生態平衡，正考驗着香港人的智慧。事實上，在香港的「北部都會區」規劃藍圖上，保留了大片的自然生境，新的生態公園該如何建設，濕地保育與地產開發該如何協調，這些都是被港人熱議的話題。可持續發展，是香港面向未來的態度，寶貴的濕地將長久地與港人為伴。

除了濱海濕地，香港還有着 6640 公頃的內陸濕地，主要集中在新界的西北部，其中包括魚塘、沼澤、水田、河溪和人工溝渠等。這些內陸濕地的植被由各種草本和木本植物構成，依附這些植物生存的淡水水生無脊椎動物，成為鳥類、昆蟲、兩棲動物們的食物。

豐富多樣的生境，使內陸淡水濕地成為生活在這裏的動植物的樂園，盧氏小樹蛙就生活在這些濕地之中。

香港的濕地，是數千種生命的共同家園，所有棲居於此的生靈，都能擁有自己的一席之地，也相互連結，相互依存。

#2

米埔內后海灣濕地

米埔內后海灣濕地位於香港西北方向，包括元朗盆地內的河口淺水濕地，以及香港與深圳水流和沉積物的匯流處，潮間帶泥灘由沉積物沖積而成，土質主要為幼細淤泥，被著名的《拉姆薩爾公約》列為「國際重要濕地」。

米埔自然保護區位於米埔內后海灣濕地內，佔地 380 餘公頃，自1983 年以來由世界自然基金會香港分會（WWF-Hong Kong）管理，幾十年來這裏一直是雀鳥天堂，是中國多樣的濕地中不可或缺的一部分。

米埔自然保護區及周邊地區坐擁六大濕地生境，包括基圍、淡水池塘、潮間帶泥灘、紅樹林、蘆葦叢及魚塘，為不同野生物種提供棲息之所。

每年冬季來臨之時，會有多達 70 多種，共約 60000 隻水鳥，來到米埔內后海灣一帶濕地越冬，吸引全球觀鳥愛好者紛至沓來。香港觀鳥大賽自 1984 年舉辦至今，已成為全球觀鳥頂尖高手們的年度盛事。

在香港，三月正是觀鳥的最佳時機，這時除了可以看到越冬的鳥類，還有從南往北飛的過境候鳥，有些候鳥們在這片濕地已經棲息休整了一冬，牠們精神飽滿，毛色明亮，即將從米埔內后海灣濕地再次啟程。

專家有話說

柯嘉敏

香港在全球候鳥遷飛路線上的重要地位

香港在全球候鳥遷飛路線中擁有非常重要的地位，主要原因是香港位於東亞—澳大利西亞遷飛區中，許多候鳥在春秋遷徙時需要於香港休息和覓食以補充體力繼續遷徒。此外，香港擁有不同的生境，包括濕地、河流和林地等，為不同鳥類提供了重要的棲息地和食物，從而吸引牠們棲息。

—— 柯嘉敏博士，世界自然基金會香港分會濕地研究經理

你知道嗎?

全球九條候鳥遷飛通道

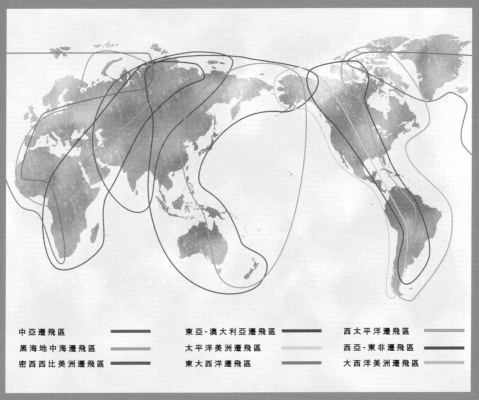

中亞遷飛區	東亞-澳大利亞遷飛區	西太平洋遷飛區
黑海地中海遷飛區	太平洋美洲遷飛區	西亞-東非遷飛區
密西西比美洲遷飛區	東大西洋遷飛區	大西洋美洲遷飛區

全球九條候鳥遷飛通道

在米埔自然保護區,隨處可見標示全球候鳥的遷飛路線的牌子。在長距離的遷飛過程中,候鳥可以做到每年往返還不迷路,主要依靠以下幾種方式進行導航:(1)利用地標,如河流、山脈和海岸線等;(2)利用太陽和星星的位置,適用於白天和晚上;(3)感應地球磁場。

澳洲 AUSTRALIA
7340 公里 km

泰國 THAILAND
1780 公里 km

西伯利亞 SIBERIA
5190 公里 km

韓國 KOREA
2100 公里 km

#3

黑臉琵鷺

黑臉琵鷺是大型涉禽，全身佈滿白色羽毛，臉部黑色，皮膚裸露，喙部成匙狀，猶如琵琶一般，因此而得名。

黑臉琵鷺只生活在東亞地區，在每年三至五月期間，只在中國遼寧以及朝鮮半島西部海岸的島嶼上繁殖，北半球冬天則遷飛到越冬地，已確認的越冬地包括中國內地、日本、韓國、中國台灣、中國香港、中國澳門、越南、泰國和菲律賓的沿岸地區。其中，中國台灣、中國內地、日本和后海灣（包括香港和深圳）是黑臉琵鷺的主要越冬地，越冬種羣佔全球總數的 90% 以上，其中米埔及內后海灣濕地是黑臉琵鷺全球第四大越冬地。

黑臉琵鷺是觀鳥大賽中的明星，牠們是全球最瀕危的鳥類之一，在二十世紀九十年代初期，有記錄的黑臉琵鷺總數曾少於 300 隻。自 1994 年開始，香港觀鳥會發起及統籌黑臉琵鷺全球同步普查，觀測點目前已覆蓋全球 150 餘處。隨着各地保育措施的實施，野生動物保育及棲息地、遷飛通道都得到保護，全球黑臉琵鷺數量持續上升，截至 2023 年，普查一共錄得黑臉琵鷺 6633 隻，是普查以來的最高紀錄。

黑臉琵鷺在淺水區域集體準備開始覓食

黑臉琵鷺通常會在不超過 20 厘米的淺水區域集體覓食，牠們會將喙部放入水中，頸部左右搖擺，利用喙部敏銳的觸覺搜尋水中的魚蝦，捕獲之後便將嘴巴向上一揚，順勢將獵物吞下。

黑臉琵鷺正在覓食

黑臉琵鷺同其他鷺科鳥類飛翔時最大的不同，就是牠們飛行中的頭、頸、喙都伸得直直的，不像其他鷺鳥縮着脖子；有時集體飛行時牠們也會排成一字或者人字。

黑臉琵鷺用繁殖羽來吸引異性

黑臉琵鷺喜歡整潔，在休息或者覓食的間隙，牠們會用嘴尖來梳理羽毛，而臉部和後頸這些自己無法觸碰到的部位，則會依靠同伴進行梳理，這也是牠們喜歡的一種社交方式。

專家有話說

柯嘉敏

河海交匯地帶的生態價值

　　河海交匯地帶通常擁有豐富食物資源，河水流經陸地時會帶有大量養分和有機物質，這些養分被帶到河口後，為海洋生物提供重要的資源。而鹹淡水交匯形成獨有環境，孕育各種魚類、甲殼類和水生生物。加上河口附近通常存在濕地、紅樹林等，這些地區也擁有豐富的生態系統，支持不同動植物的生存和繁殖。

—— 柯嘉敏博士，世界自然基金會香港分會濕地研究經理

你知道嗎？

香港觀鳥大賽

　　香港觀鳥大賽是由世界自然基金會香港分會自 1984 年開始舉辦的一年一度的觀鳥比賽，是世界自然基金會香港分會創立以來舉辦的最為悠久的籌款活動，籌得款項將為香港米埔自然保護區作管理及保育用途。

參賽選手們隱身在濕地上的觀鳥屋中

　　米埔自然保護區自 1983 年開始由世界自然基金會香港分會負責管理。

　　早在清代《新安縣志》就有記載香港深圳一帶有水獺棲息，但過往的狩獵、日益嚴重的水污染和棲息地退化，使得歐亞水獺在二十世紀後半葉逐漸消失在大眾的視野內。二十世紀八十年代，香港后海灣的米埔濕地被列為自然保護區，並由世界自然基金會香港分會進行管理，香港水獺獲得了相對安全的生境，使其得以休養生息。

　　2020 年開始，世界自然基金會香港分會與嘉道理農場暨植物園進行合作，對米埔及周邊地區內的水獺進行長期監測和生態研究，開展了一系列水獺相關的調查和保護工作，包括紅外相機調查、蹤跡調查、基因分析等。目標是儘快掌握相關水獺的種羣狀況，增加大眾的保護意識。

歐亞水獺調查人員正趴在地上用嗅覺分辨
歐亞水獺的糞便新鮮程度

歐亞水獺調查人員將糞便樣本採集帶
回實驗室進行基因檢測

　　為了調查行蹤隱秘的歐亞水獺，尋找和採集水獺糞便是一個重要的
調查手段，通過對糞便樣本進行基因分析，可以得知水獺數量和個體活
動範圍等重要的保育信息。糞便越新鮮，其中水獺基因保存的越好。

歐亞水獺調查人員在保護區內安置紅外相機

畫面來源：世界自然基金會香港分會 嘉道理農場暨植物園

　　通過科研人員佈置的紅外相機監測，捕獲到一系列歐亞水獺的活動
影像，意味着香港的歐亞水獺種羣逐漸開始恢復。作為頂級的捕食者和
濕地環境中的旗艦物種，水獺種羣的恢復意味着所在地區濕地生態系統
完整健康，也體現了該區域的生態地位和價值。

你知道嗎？

米埔濕地裏的哺乳動物

　　米埔自然保護區內共發現了 24 種陸上哺乳動物，佔香港陸上哺乳動物品種數目超過 40%，這其中大部分都是夜行性動物，加上習慣躲避人類活動，所以很少有人能有幸親眼觀察到牠們，大眾經常會忽略牠們的存在。自 2015 年開始，世界自然基金會香港分會同一眾公民科學家在米埔自然保護區不同位置安裝了多部紅外相機，除了歐亞水獺外，還拍到了其他多種哺乳動物的蹤影。

紅頰獴

小靈貓

豹貓

畫面來源：世界自然基金會香港分會 嘉道理農場暨植物園

#5 香港的紅樹林

　　紅樹林泛指生長在熱帶及亞熱帶沿岸潮間帶地區的植物。香港擁有八種原生的紅樹品種。后海灣紅樹林是香港最大的紅樹林，也是中國第六大受保護的紅樹林。香港的紅樹林在維護海岸帶水生生物多樣性方面發揮着無可替代的作用，同時還可以淨化大氣和海水，吸收二氧化碳，發達的根系扎根於灘塗，減少海浪的流速，起到消浪防風的作用，成為名副其實的「海岸衛士」。

真正紅樹林植物是指只生活在河口潮間帶的木本植物，而且具有為適應環境而演化出的氣生根及胎生現象。「紅樹林」的中文名稱源自於紅樹科植物，它們的樹幹、枝葉之中都含有單寧酸，這是一種天然的驅蟲劑，一般昆蟲或動物不喜歡這種味道，一旦樹皮刮開暴露在空氣中，就會迅速氧化變成紅色，很久之前東南亞原住民就懂得使用它提煉出紅色染料，所以這類樹木便被稱作「紅樹林」。

在潮間帶生長的紅樹需要面對地基鬆散、高鹽度變化以及每天潮水漲退這些不利於植物生長的因素，所以紅樹在生理結構上演變出一系列的適應能力。

以香港本土紅樹品種秋茄為例，發達的根系可以用來擴
闊樹基，從而穩定在鬆散泥土中生長的紅樹。

為了在高鹽分的環境下減少水分流失，很
多紅樹的葉含有儲水組織，以及蠟質的表皮，
藉此可以降低葉片水分的蒸騰速度，提高葉片
的儲水能力。

秋茄筆狀的「胎生」幼苗

　　秋茄又被稱作「水筆仔」，它生長所處的環境潮濕、缺氧、鹽分高，不適合種子發芽和幼苗的成長，所以演化出了特殊的繁殖機制，在果實成熟之前不會馬上落入泥土之中，而是繼續留在母株上吸收養分成長發芽，利用胚莖上的氣孔進行空氣交換，逐漸長成幼苗，成為一支筆的形狀。等到來年春天，成熟的胎生幼苗從母株脫落，直直地插入泥土之中，已經成熟的幼苗扎根生長，一片幼苗很快就會成為一片年輕的紅樹林，這就是神奇的植物「胎生」現象。

　　紅樹林生境擁有十分高的生產力和生物多樣性，下層土壤裏居住了繁多的底棲動物，在泥中生活的蟲類（如寡毛亞綱及多毛綱）及甲殼類（如腹足綱及雙殼綱）等動物，便以水中的浮遊生物為主要食糧，而這些底棲動物和浮游生物，又是紅樹林庇護下生活長大的魚苗與蝦苗的主要食糧。

#6

灘塗守衛戰

潮水退去之後，紅樹林下的灘塗露了出來，在灘塗上築洞穴居的彈塗魚也探出了腦袋。

同樣生活在這片灘塗上的各類螃蟹也開始覓食，牠們和彈塗魚共同生活於此，所以時常會因為「地盤」大動干戈。

彈塗魚是濾食性魚類，香港的彈塗魚廣泛分佈在各區海岸的鹹淡水交接地帶，牠們可以有效地利用泥灘生存，是唯一可以「稱霸」退潮後潮間帶地區的魚類。

生活在灘塗上的螃蟹日常會以紅樹林中的落葉和有機質為食物，也被稱作「濕地環境清道夫」。

彈塗魚是在紅樹林灘塗中築洞穴居的動物，漲潮時鑽入洞中，海水淹沒洞口，退潮時都從洞中爬出來尋覓潮水帶來的藻類和細小碎屑。

彈塗魚的眼睛長在頭頂上面，可以環顧四周，背鰭和尾鰭在感受到威脅時會像帆船一樣豎立起來，用以威脅對方。螃蟹則有一對健壯的大螯，為了搶奪食物所在的地盤，牠們和彈塗魚時常會大打出手。

彈塗魚屢屢彈跳，將看起來威武的螃蟹嚇退，守住了自己的領地。

生存的競爭是這片生命的灘塗上每天上演的戲碼，也正是這些多種多樣的生命造就了這裏的生物多樣性，支撐起這個穩定有序的生態系統。

會爬樹的魚

　　魚類在水中生活的主要呼吸器官是鰓，一旦離開水，鰓絲乾燥，彼此黏接，停止呼吸，生命也就停止了。然而，彈塗魚與一般的魚類不同，牠是一種能够適應兩棲生活的彈魚類。

　　彈塗魚的鰓腔很大，鰓蓋密封，能貯存大量空氣。腔內表皮佈滿血管網，起呼吸作用。牠的皮膚亦佈滿血管，血液通過極薄的皮膚，能够直接與空氣進行氣體交換。其尾鰭在水中除起鰭的作用外，還是一種輔助呼吸器官。這些獨特的生理現象使牠們能够離開水，較長時間在空氣中生活。此外，彈塗魚的左右兩個腹鰭合併成吸盤狀，能吸附於其他物體上。發達的胸鰭呈臂狀，很像高等動物的附肢。遇到敵害時，牠的行動速度比人走路還要快。生活在熱帶地區的彈塗魚，在低潮時為了捕捉食物，常在海灘上跳來跳去，更喜歡不時爬到紅樹的根上面捕食昆蟲。因此，人們稱之為「會爬樹的魚」。

資料來源：中國科學院南海海洋研究所

#7

危險的入侵物種

　　香港的紅樹林中除了八種原生物種外，還存在着兩種海桑屬的「入侵物種」——海桑和無瓣海桑。這些生長速度快、生命力強的先鋒樹種，多被用作海岸紅樹林修復工程，2000年前後意外入侵香港後，先在后海灣一帶落地生根，然後隨水流擴展至大嶼山一帶。

　　這些海桑屬樹木高達10至20米，四年即可成林，它們的樹蔭遮蔽了陽光，與本地紅樹爭奪生存空間。它們還喜歡在開闊的泥灘上面迅速生長，這些泥灘一旦被大面積佔用，就會減少候鳥的覓食範圍和其他泥灘生物的生存空間，對紅樹林生態造成負面影響。

工作人員正在人工清理海桑及無瓣海桑

自香港后海灣發現海桑和無瓣海桑兩個品種以來，香港漁農自然護理署每年以各種方法控制它們蔓延，世界自然基金會香港分會也積極支持這項工作，定期開展入侵物種的清理，以維護原生紅樹林及泥灘，為候鳥提供良好的覓食生境。

海桑果實

薇甘菊是紅樹林中另一種入侵物種，它們長有「心」形的葉子，是一種攀緣植物，會從岸旁蔓生到紅樹林上。如果不加以控制，紅樹林的樹冠會被它們廣泛覆蓋，照射不到陽光，難以進行光合作用，影響生長甚至死亡。

薇甘菊心形的葉子

薇甘菊還會產生生物化學物質，抑制其他植物種子的萌芽和幼苗生長，它自身卻既可以用種子進行有性繁殖，又可以在莖節處生根進行無性繁殖，生長速度極快。

要保護植被免受薇甘菊侵害，目前的最佳辦法是多做監察和定期清除，抑制其蔓延。世界自然基金會香港分會的員工會進行清理工作，清理這些入侵的攀緣植物，確保紅樹林的健康。

藏在水生植物中的福壽螺

福壽螺在二十世紀八十年代初入侵香港，廣泛分佈於新界個淡水棲息地。牠們是屬於「蘋果螺科」的腹足綱軟體動物，是一種入侵物種，對世界各地的農作物都造成着嚴重的破壞。作為一種雜食性物種，牠們既吃植物也捕食池塘和溪流中的底棲生物，對於濕地的生物多樣性造成嚴重威脅。

福壽螺將卵產在植物的莖葉上面

福壽螺繁殖能力很強，一年可以產卵 20 至 40 次，年產卵量三至五萬粒，牠們的卵呈粉紅色，形似桑甚，一旦爆發極易破壞濕地生態系統和農業生態系統。

外來物種入侵是世界各地保育工作者所共同面對的重要問題之一。如果不去重視這個問題，不僅會造成生態災難，還有可能帶來經濟、文化、景觀等多方面的損失。

控制入侵的外來物種，當下主要還是採取「遏制」和「清除」兩種方法，具體採用哪些方法，還需要綜合考慮物種及生境特徵以及影響來綜合評定。大眾也應積極參與，做一個對大自然負責任的管家，不要隨意放生寵物，並力所能及地積極參與到相關保育工作之中。

基圍、魚塘、蘆葦叢和淡水池塘

米埔及內后海灣濕地除了紅樹林和潮間帶泥灘之外，還包括由基圍、魚塘、蘆葦叢、淡水池塘組成的一系列生態系統。

香港本地漁民使用基圍養蝦

基圍是指被提壆包圍的塘，常見於亞洲的
海灣及海口位置，是海岸地區藉由潮汐變化來運
作的傳統蝦塘。在香港，二十世紀四十年代中期
開始出現，發展至今已經保留不多，成為了一項
文化遺產。基圍是一種有着較高生產力的生態環
境，孕育水生無脊椎動物以及魚類，同時也為水
鳥、爬行類及哺乳類動物提供了食物。

在米埔濕地的東南面，曾是一片重要的淡水沼澤，如
今已經不復存在。所以世界自然基金會香港分會在保護區
內設立了一些淡水濕地，希望藉此為依賴淡水生境生活的
野生動物提供適合的生態環境。

后海灣一帶自二十世紀三十年代開始就有漁
民從事淡水養魚工作，現在后海灣魚塘約佔 1100
公頃。這些魚塘對於本地野生生物非常重要，尤
其是一些以魚類為主要食物的雀鳥。在冬季，放
乾的魚塘可以吸引水鳥前來，在淺水區域捕食漁
民遺留下來沒有經濟價值的雜魚，黑臉琵鷺就是
這裏的常客。

小鸊鷉是本地留鳥，喜歡在
淡水池塘中築巢孵卵，養育後代。

在離米埔濕地不遠的大生圍
魚塘裏，小鸊鷉一家在此安居。

　　蘆葦是一種多年生禾本植物，全球分佈廣泛。羣生的蘆葦形成蘆葦叢生境，多見於淺水及潮間帶較少時間被潮水淹蓋的地區。蘆葦叢是多種野生生物重要的覓食及棲息生境，米埔基圍內蘆葦叢生境約 46 公頃，是香港最大片的蘆葦叢，也是南粵地區為數不多的大型蘆葦叢之一。

　　蘆葦叢發達的根部能夠抓住並吸收水中的有機沉積物，減少水中的懸浮物以改善水質，也為多種野生生物提供了覓食及安全棲息的環境。

蘆葦叢內處處生機，擁有極高的生物多樣性。在米埔蘆葦叢內已經記錄了約 400 種無脊椎動物，更有四種是首次發現。

蘆葦叢如果缺乏管理，蘆葦會蔓生到基圍的水道，最終令開放的水面消失，生物多樣性也會隨之下降。世界自然基金會香港分會為了平衡保護區內的蘆葦叢與其他生境的比例，也會採取一系列的管理措施，每年夏天會為不同基圍進行生態改善工程來保持生境比例的平衡，讓這片濕地生態穩定，確保這裏可以成為雀鳥們可以安心棲居的家園。

你知道嗎？

米埔三槳水母

近年來在米埔自然保護區還發現了全新物種，米埔三槳水母便是在一個鹹淡水基圍中的意外發現。米埔三槳水母身體透明，平均體寬 1.5 厘米，傘狀體呈箱型，四邊每隻腳連接三條觸手，用來捕食細小的浮游甲殼類動物，每條觸手基部有着類似船槳的結構，可以令牠們游得更快。這是中國水域內，第一次發現箱型水母的新物種。

邱建文

專家有話說

我們為何會在穩定的生態環境中發現全新的物種

在一個穩定的生態環境中能夠發現全新物種的主要原因可能有以下幾點：

1. 未被發現或研究過：區域或深海等地區可能還未被完全探索，有些類別如水母受關注不如鳥類或珊瑚，因此這些地方或類別可能存在未知的生物物種。

2. 進化和適應：穩定的環境提供了進化，適應和形成了新的物種的機會。

3. 突變和基因流動：在穩定的環境中，突變可能導致新的基因型和表型出現，而基因流動則促進了不同物種之間的基因交換。

這些新物種的出現可能產生以下影響：

1. 物種多樣性增加：新物種的出現將增加生態系統中的物種多樣性，這有助於提高生態系統的穩定性和彈性。

2. 生態相互作用的改變：新物種的出現可能改變物種間的相互作用，如食物網、競爭和共生等。

3. 生態系統功能的變化：某些物種可能具有特定的生態功能，如控制害蟲、傳粉或土壤改良等，這些功能可能對生態系統的運行和生態服務產生影響。

—— 邱建文教授，香港浸會大學生物系教授及副系主任

盧氏小樹蛙是香港 23 種青蛙和蟾蜍之中體型最小的，平均身長只有 1.5 至 2 厘米，和成年人的拇指相當。

盧氏小樹蛙主要棲息在靠近溪流或者其他水源的林地裏，在一些淡水濕地的池塘內也能看到牠的蹤影。褐色的身體和枯葉的顏色相近，良好的保護色讓牠們藏身於枯葉和樹叢之中，難以被肉眼發現。

#9

盧氏小樹蛙

　　每年三至九月是牠們的
繁殖期，求偶時雄性會發出
類似蟋蟀一樣的叫聲，以吸
引體型較大的雌性。

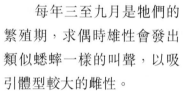

　　盧氏小樹蛙一般會選
擇水清無魚的溪流或者靜水
之中繁殖，從而躲避魚類的
捕食。

雖然稱作「樹蛙」，也有樹蛙最為明顯的特徵——手指和足趾上的吸盤，但是牠們很少爬樹，通常都是穿梭於地面的落葉之間，捕食更為細小的一些昆蟲。

作為香港發現的本土物種，盧氏小樹蛙的存在具有非常重要的意義，牠們是生態價值極高的指標性物種，牠們的存在，意味着水的潔淨與植被的健康。盧氏小樹蛙種羣的穩定，也是香港生態環境生物多樣性豐富的最佳佐證。

作為地球物種之一，人類對濕地的所知仍然有限，敬畏、尊重、順應、共生是人類與它和諧相處之道。

你知道嗎?

小樹蛙的大故事

1952 年，自然學家約翰·盧文 (John D. Romer) 在香港南丫島一個潮濕的山洞裏發現了牠，因此牠被命名為「盧氏小樹蛙」。不過，當一年後盧文再度前往山洞，卻發現山洞已然倒塌，盧氏小樹蛙也不見了蹤影。直到盧文在 1982 年去世，他仍在慨歎，這個新物種可能已經滅絕。

實際上從二十世紀八十年代開始，科學家在南丫島、赤鱲角、大嶼山及蒲台島等地的內陸濕地之中，又相繼發現盧氏小樹蛙的身影，疑似滅絕的盧氏小樹蛙，原來一直在香港繁衍生息。

盧氏小樹蛙捕食細小的昆蟲，也是很多濕地生物獵食的對象。雖然手指和足趾上的吸盤證明牠們屬於樹蛙，但比起爬樹，牠們更喜歡在落葉上爬行，當然，還喜歡在水邊開派對。小樹蛙是生態價值極高的指標性物種，牠們的存在，意味着水的潔淨與植被的健康。

然而這個濕地精靈的命運卻一波三折。二十世紀九十年代，為了修建香港國際機場，赤鱲角的大部分土地需要平整，而這裏正是盧氏小樹蛙的重要棲息地。在專家的建議下，一場小樹蛙拯救行動開始了。

1992 年春天，遷地保育團隊陸陸續續在赤鱲角收集到 200 多隻成蛙、少許幼年蛙、蝌蚪和卵，但這個數量還不足以使盧氏小樹蛙的種羣在新家園延續下去，人工繁育勢在必行。經過團隊在香港大學幾年的人工繁育，小樹蛙數量增至過千隻，這些小樹蛙被分散野放到全港八個濕地環境，讓牠們在新家園中繁衍生息。

香港赤鱲角國際機場日夜不停運轉，曾因這個機場修建而受到影響的盧氏小樹蛙，隨着整體環境改善，如今在香港這個家園開枝散葉。

柯嘉敏

香港濕地的意義與未來

香港的濕地對於香港乃至全球的生態具有極大的重要性。濕地是自然界中最豐富的生態系統之一，為人類提供許多重要的生態服務，包括水質淨化，滯洪和碳儲存等。香港濕地為各種動植物提供棲息地，亦是東亞—澳大利西亞遷飛區候鳥的重要補給站和越冬地，對於保護生物多樣性和維護生態平衡有重要角色。

然而，香港以至全球各地的濕地都面對着不同的威脅。城市發展、污染和氣候變化等都對濕地造成負面影響。我們需要珍惜和保護香港的濕地資源，採取可持續的管理措施，保育這些寶貴資源。支持濕地保育除了為我們帶來裨益，亦讓我們的後代繼續可以享有這片珍貴的自然遺產。

柯嘉敏博士，世界白然基金會香港分會濕地研究經理

後記

香港之美　山水之望

初心：愛上香港的每一寸山水

　　策劃《香港自然故事》這個項目，初心只是對香港的一份感情。這種感情不是突然降臨，也不算洶湧澎湃，而是在眼裏和心裏慢慢匯聚，變成一條河，又幸運地找到了去大海的路，才會奔湧而出。

　　我有幸因為在鳳凰工作的關係，曾在不同的國家和地區與大自然做局部的接觸，越走得遠，越感到這個星球的珍貴，越感到萬物彼此相連，感到在這宇宙的孤舟之上，學會共生 (co-exist)，可能是人類目前最智慧的、也是最後的生存法則。

　　在很長的時間裏，總在朝着遠方出發的自己，記得清遠方某個季節某個場景裏的某個細節，卻記不清自己常居住的地方。直到遇上一個偶然的機會，我報名參加樂施會的「毅行者」慈善籌款活動，在 48 小時內和隊友們橫越九龍半島，循麥理浩徑 100 公里路程，翻越數個大小山峯。為此提前一年開始行山訓練。很慚愧，在香港定居好幾年之後，我才真正開始仔細去看這個第二故鄉，去感受和思考這個城市與自然之間的關係。從那時候開始，我才被香港的另一面所驚豔和震撼，也從此與這個城市的山與海結下不解之緣。我發現這座城市的豐富和層次，遠遠超過我原來的想像。我開始行山，開始去離島閒逛，開始留意在都市的水泥森林中，隨處可見的鳥語花香和掛着小牌子的樹木。我這才真正地愛上她。

　　慢慢地，一些原本常常會定格在遠方的記憶場景，開始定格在了這個鑲嵌在大自然裏的城市。山道拐彎處幾隻黑褐色的牛，嘴裏彷彿嚼着口香糖，緩慢地路過並忽略所有行人；旺角密集的樓宇之間忽如其來的一樹繁花，讓人情不自禁慢下腳步；碼頭邊釣魚的老人心滿意足地拉起他的魚竿，身邊播放着張學友的名曲《夕陽醉了》；烈日下戴着袖套的幾個女人花花綠綠、嘻嘻哈哈地從山上下來；趴在雜貨舖門口，對路過的蟑螂感到好奇但並未出手的

貓；深秋清晨，掃地工人的大掃帚只一掃地面，便彈射般嚇走了正在路邊大樹下撿果子的松鼠；清澈的海水裏猛不丁突然過來看你一眼，然後牠自己嚇一跳也把你嚇一跳的魚；大雨之後的街心公園，一個孩子死盯着一隻正努力回到草叢裏的三吋大的蝸牛；公司大樓外牆上築巢的兩隻燕子，跟在渡輪船尾的一羣白鷺，企圖「攔路打劫」但未遂的猴子老大，帶着幾個娃出門找食物的野豬媽媽，在光溜溜的泥灘上滑溜溜走着的彈塗魚……這樣的香港，跟我最早認識的香港完全不一樣，跟許多朋友所熟悉的被定位為國際金融中心、東方國際都會、世界航運中心的香港，也完全不一樣。

香港之美：天生麗質加後天努力

> 在南中國一隅之地，香港經歷百年滄桑，創造世界經濟奇跡，回到祖國懷抱，其創造力、自由度、競爭力，舉世矚目。但香港，還有人們未必熟悉，卻早已存在的美麗。香港自然故事，帶你去看從未見過的香港。
>
> ——摘自《香港自然故事》項目策劃書封面引言

香港是一個風平浪靜的天然港，這小小的港灣深達 42 米，而且因為岩石型海底，航道上沒有淤泥，所以沒有航道變淺的危險。這樣的地質特徵，加上全年不結冰的氣候特徵，讓香港可以停泊各類大型船舶，包括全世界最巨型的郵輪，萬噸級遠洋巨輪，乃至航空母艦。真是應了那句「老天爺賞飯吃」。

這個城市常被人留意的是摩天大樓的城市天際線，和往來港島和九龍的天星小輪，是香港的寸土寸金，時尚繁華。未曾被留意的是從亙古時代締造出來的岩石羣，是億萬年前火山爆發後，一直留到今天的這一片山水相連、風光如畫之地。

香港的美，是天生麗質，也是後天努力。豐富的自然生態環境與生物多樣性、世界一流的生態保育水平、成功的城市可持續發展模式，這種與自然共存的城市競爭力，蘊藏着巨大的能量，這種競爭力其實從未離開過香港。在香港經濟發展的過程中，填海造地，荒地起樓，緩慢改變着香港的面貌，但香港從政府到民間都相當注重自然生態與社會發展的平衡，未來的城市規劃和大型基建項目，也將致力在生態保育與社會發展之間取得最大公約數。

香港優質的自然生態環境與生物多樣性優勢，值得充分展示。香港在生態保育與可持續發展方面的經驗和能力，值得被所有人看到。

「所有人」，是包括 750 萬香港人在內的所有人。是時候為這珍貴的家園，做一次全景式的重新發現。我們深入香港的山川、河流、海洋、島嶼、動物、植物，從國家地理的高度，用講故事的方式，展開唯美的視覺畫卷，展示香港從未被世人熟悉的美麗一面，用讓全世界驚歎的方式，讓更多人尤其是年輕人，愛上香港這片山與海，為香港這個富有生命力的家園而自豪。

2022 年，《香港自然故事》項目開始籌備。從 2022 年夏天最初的策劃，秋冬的密集調研、組建團隊、正式立項，到 2023 年春天，在香港特首李家超先生的大力支持下，鳳凰衛視集團與華潤集團、世界自然基金會香港分會以及一眾項目專家顧問、政府及民間合作機構代表，共同見證它的啟動。2023 年秋天，《香港自然故事》很榮幸成為香港首個自然主題國際性紀錄片系列。2024 年的春天，我很榮幸和我的團隊一起，與商務印書館合作，通過出版物的形式，向各位讀者介紹這套紀錄片系列的內容，這套紀錄片的六大場景，也為本書的內容提供了圖文篩選和改編的基礎。

六大場景：了解香港真正的樣子

感謝商務印書館的毛永波總經理，早在這套紀錄片播出之前，就已和我們初步商討以紀錄片為基礎出版一本圖書的可能性。在紀錄片播出之後，我們更具備了合作出版一本高品質科普讀物的信心。這本書的整體結構，保持了與紀錄片相同的結構和順序，即分為六大篇章：岩石篇、山林篇、海洋篇、水岸篇、田野篇、濕地篇，以下簡單介紹一下六大場景的劃分由來和順序邏輯。

香港自然故事的獨特之處就在於大自然和都市互相嵌入在一起，所以我選擇去找一個更適合描述香港的人文地理敍事框架，更方便看清楚香港完整的樣子。按照這個思路，我把香港的自然生境結合人類的生活方式，分成六個大的場景：岩石、山林、海洋、水岸、田野、濕地。每一個場景，都有着明顯的視覺影像特徵，也都與香港人的某一種生活方式，直接關聯。

　　岩石篇也可以叫做香港誕生記，放在開篇最為合適。我們講述香港地質史和地形地貌形成，一個跨越四億年的地質故事。在香港這個繁華都市的下方，角落，邊緣，看到四億年來中國南方大地的地殼運動、火山爆發，滄海桑田。看到大自然的鬼斧神工，如何雕琢中國東岸沿岸，在這個彈丸之地留存多采多姿的岩層、土壤，留下時間沉澱的痕跡。這個篇章看過之後，你會想到每天坐地鐵的時候是在鑽過甚麼樣的岩層，你會了解香港為甚麼會是世界三大深水良港之一。

　　地質時代的造山運動，給香港留下層層山巒。山林篇緊接岩石篇之後，去展現佔據香港陸地面積四分之三的郊野公園山林中發生的故事。香港郊野公園佔地 44312 公頃，具有豐富的陸地生物多樣性，和全中國數一數二的植物多樣性。我們進入香港郊野的草木深處，觀察這個被繁華都會嵌入其中的動植物生態系統，包括一些瀕危的珍稀動植物。我們去造訪山林中的野豬和猴子，蛇類和螞蟻，去看那些夫唱婦隨的鳥兒，去了解為甚麼山林間的行走對香港人的日常生活有着不可替代的重要性。

　　山海相對，山海相連。海洋篇緊隨山林篇之後，講述香港海洋生物的多樣性。我們重點跟隨正在做海洋生物保育或研究的專家，前往最具代表性的海域，了解海洋生物的繁衍與危機，以及了解我們與牠們之間的緊密關係。在這部分內容裏，我們重點關注了全球暖化對香港的珊瑚、海藻帶來的直接影響，關注了中華白海豚大灣區保育，綠海龜保育項目，還關注了仍在香港不斷被發現的新的海洋物種。

　　接下來我們關注了人類在近岸地區的活動，這讓水岸構成了香港自然故事的一個獨立篇章。水岸篇帶我們去看香港人如何靠海生活。十九世紀初香港開埠時只有 5000 多人，其中 2000 多都是「水上人」，開埠初期開始，捕魚業是當時的主要行業，臨近的南中國海也是重要的捕魚水域。大部分漁船都是家庭式經營，以天后娘娘為守護神。如今的香港，是世界領先的國際航運中心，世界第四大船舶註冊地。我們去觀察發達的漁業和水產養殖，去看香港海岸線與淡水河岸的維護，我們也會從休閒生活的角度，去看看香港人的水岸生活。

　　從水岸到內陸一些的地方，在山腳下，城市建築的縫隙裏，田野生命力

迸發出驚人的生產力。很多朋友不確定香港有沒有田野，田野篇就介紹了影響力不可小覷的田野故事。由 2500 個農場組成小而精的螞蟻兵團式的現代化農耕，有機農產品，蔬菜及花卉種植，幾千個農民和田野工人撬動驚人的產出。香港以園藝作業為最主要的農地用途之一，高產值切花成為國際都會餐飲旅遊行業運作不可或缺的一環。我們也去看香港的鄉郊復興故事，古老的村落伴隨着風水林的護佑，讓更多人回到田野中去，也讓田野恢復應有的生物多樣性。

田野是萬物生長的地方，濕地也是世界上最具生產力的自然環境之一。濕地篇中，我們來到香港數千公頃的內陸濕地，包括著名的米埔及內后海灣拉姆薩爾濕地，跟隨保育人員去了解這裏數萬隻往返於南北半球之間候鳥們的過冬和補給情況，近距離觀察一些世界性瀕危品種。當然，我們也與大家分享了濕地豐富的其他動植物的故事，比如紅樹林、螃蟹和彈塗魚，甚至還有多年罕見的歐亞水獺等等。我們在即將進行開發的北部濕地，去了解發展創意如何讓都市發展與生態保育並存。我們有理由相信，香港新自然保育政策的推行下，未來這片濕地依然會生機勃勃。

感謝清單：一個凝聚眾人心血的香港故事

感謝李家超特首，感謝特區政府環境及生態局漁農自然護理署和鄉郊保育辦公室、發展局渠務署對《香港自然故事》的大力協助，感謝我所服務的機構鳳凰衛視集團對這個項目的重視，感謝聯合出品方華潤集團王祥明董事長對《香港自然故事》項目的大力支持，尤其感謝他為本書作序，感謝華潤慈善基金對項目在教育領域深耕的大力支持，感謝聯合發起方世界自然基金會香港分會（WWF-Hong Kong）對本項目的大力支持，尤其是為本書作序的行政總裁黃碧茵女士，感謝特別委任為項目顧問的 12 位專家，感謝所有促成這套紀錄片誕生並擴大其社會影響力的多個製作團隊、200 多位鳳凰同事和關心這個項目的所有朋友們。

本書中展現的很多場景，都離不開眾多社會機構、高等學府和個人對拍攝的協助配合。由於篇幅的關係，恕我無法一一列出所有機構名稱和個人的姓名。我們深深地意識到，實際上是香港社會許多人的共同努力，提供了這本書沉甸甸的含金量，我藉此機會深深表達我的感恩。

　　在本書的組稿過程中，我由衷感謝項目核心團隊每一位同事的辛苦努力，擔任過水岸篇分集導演的吳小偉協助給海洋篇、水岸篇進行了圖文組稿，資深紀錄片製作人溫姬彥和項目統籌靜一協助給山林篇、田野篇進行了圖文組稿，擔任項目監理的魏安杰協助給岩石篇、濕地篇進行了圖文組稿，也對六篇書稿的整體設計提出了很多好的建議，何星睿協助處理了圖片截取和圖文檔整理工作，王凱倫協助處理了與英文翻譯相關的校對工作。項目團隊的同事們也都不辭辛勞，不同程度地參與了本書的整體校對工作。

　　為了讓讀者能更具體而深入地了解每一個篇章的內容，我們在【你知道嗎？】板塊中為大家補充知識點，也在篇章中設置了【專家有話說】，邀請不同的專家學者給本書的不同篇章答疑解惑，補充更多有用的科普信息。陳蘋和靜一兩位項目統籌同事協助進行了六個篇章的專家聯絡和文件往來協調與內容確認工作，這項工作任務十分繁重和艱巨，但是她們都出色完成了。這些專家包括香港地質學會會長招侃潛博士（岩石篇），香港教育大學地理及環境科學研究講座教授詹志勇教授（山林篇），香港中文大學生命科學學院研究助理教授崔佩怡博士（海洋篇），香港浸會大學生物系教授及副系主任邱建文教授（濕地篇），香港特區政府環境及生態局鄉郊保育辦公室總監鄧文彬教授，BBS（田野篇），香港大學建築學院教授及中國建築城市研究中心主任王維仁教授（田野篇），和世界自然基金會香港分會濕地研究經理柯嘉敏博士（水岸篇、濕地篇）。

　　我們在比較短的時間內完成全書的組稿，一些匆忙之間不夠完善之處，想必難免，希望得到讀者們的諒解。我們或許不是最熟練的圖文書作者，幸好有商務印書館團隊的專業協助，讓這本書終於得以最佳狀態與大家見面。希望各位讀者在翻閱這本圖文書籍的時候，能感受到我們每一個人的點滴努力，感受到一份樸素的真摯與熱忱。

　　在紀錄片系列內容基礎上加工改編而成的這本圖文讀物，被賦予了新的期待。它會來到書店，更多的香港本地民眾將會通過一幅幅精美的攝影作品，伴隨着文字，看到香港的自然本色，看到香港本來的全貌。希望這本科普讀物，能進一步帶動全社會，尤其是香港的年輕人，更理解自己的家園，更愛惜自己的家園。如果他們的成長伴隨着這樣的愛，那麼香港人整體參與可持

續發展和減碳減排行動的能力就會更大,我們每個人就能在日常生活中,在家門口,為這個世界的未來作出自己那一份貢獻。

如果你是一個長期居住在香港的大朋友或小朋友,如果也還不太確定自己跟這個城市究竟是一種甚麼樣的關係,我可以推薦你做的一件事,就是先看完這本書,然後走出去看山看海,去看四季草木,去看萬物生靈。越早開始,你會越接近你的答案。

四月天的香港,春雨連綿,萬物生長。在這山水之城,讓我們一直懷抱着這樣美好的心情,無論生活帶給你甚麼,你都把這樣的希望,帶給生活,就像大自然一直為我們做的那樣。

葉揚

《香港自然故事》總策劃、監製

鳳凰衛視中文台副台長

2024 年 4 月 6 日

排　　版	肖　霞
責任校對	趙會明
印　　務	龍寶祺

香港自然故事

編　　著	鳳凰衛視《香港自然故事》項目組
出　　版	商務印書館(香港)有限公司
	香港筲箕灣耀興道 3 號東滙廣場 8 樓
	http://www.commercialpress.com.hk
發　　行	香港聯合書刊物流有限公司
	香港新界荃灣德士古道 220-248 號荃灣工業中心 16 樓
印　　刷	寶華數碼印刷有限公司
	香港柴灣吉勝街勝景工業大廈 4 樓 A 室
版　　次	2024 年 7 月第 1 版第 1 次印刷
	© 2024 商務印書館(香港)有限公司
	ISBN 978 962 07 6751 7
	Printed in Hong Kong